我的精致生活图鉴

孤独的优惠美食嘉◎著

南方日报出版社
NANFANG DAILY PRESS
中国·广州

图书在版编目（C I P）数据

我的精致生活图鉴 / 孤独的优惠美食嘉著. -- 广州:
南方日报出版社, 2018.12
ISBN 978-7-5491-1917-2

Ⅰ. ①我… Ⅱ. ①孤… Ⅲ. ①生活—知识—图集
Ⅳ. ①TS976.3-64

中国版本图书馆 CIP 数据核字(2018)第 257300 号

WO DE JINGZHISHENGHUO TUJIAN
我的精致生活图鉴

著　　者：孤独的优惠美食嘉
出版发行：南方日报出版社
地　　址：广州市广州大道中 289 号
出 版 人：周山丹
责任编辑：李　沁
手绘插画：莎　菲
封面设计：邓晓童
责任校对：裴晓倩
责任技编：王　兰
经　　销：全国新华书店
印　　刷：广州市岭美文化科技有限公司
开　　本：889mm×1194mm　1/32
印　　张：5
字　　数：50 千字
版　　次：2018 年 12 月第 1 版
印　　次：2019 年 7 月第 2 次印刷
定　　价：38.00 元

投稿热线：（020）87360640　读者热线：（020）87363865

过精致生活需要很多钱吗?

感觉大家都不太喜欢承认自己有钱或没钱，这或许和古语有云“财不能漏眼”有关系。但是，没有钱是万万不能的，用好钱过好精致生活、是对自己的交代。而且，你知道吗？原来掌握这些窍门，就可以在广州获取精致生活图鉴！

挣钱、攒钱、理财是财富积累的三部曲。君子爱财，攒钱有道。这本书中除了分享钱的道理之外，还有我在社群运营时的心得，鼓励更多的人一起享受精致生活。有时候哪怕像农夫遇到了蛇，遇到白眼狼，遇到仙人掌，只要有人能“开花结果”，我还是会义无反顾地拥抱你，哪怕我也可能会受伤。希望我能够跟你一起找到生命的价值所在。

精致的生活，精彩的人生

每个人都有选择生活方式的权利，可以平淡无奇，可以多彩多姿。身在广州，这座快速发展的现代化大都市，每个人的生活都是精致的。

在践行公益的道路上，我遇到了很多来自不同领域的人，经历了各种平凡或者不平凡的事，我眼中的他们和他们眼中的我，都是不同生活方式的缩影，却因为相同的目标，获得同样的满足感。我很想把这样的生活做成图鉴，不过被我的朋友嘉力抢先了一步，我很欣慰地为她写下这篇序言。

我曾经在文艺圈、科技圈做过公益化的探索，也试着为广州的公益事业注入新的血液。做公益有点“上瘾”的自己，想在更多的领域寻找突破口。近年来，信息技术的发展，金融科技的不断完善，推动中国的很多传统行业更新升级，打破不少行业的发展瓶颈。身在广州，见证了科技给各行各业带来的飞速发展，于是自己也想尝试一些新的东西：金融+公益。

怀着这样的想法，在机缘巧合之下，我认识了嘉力。在我的印象中，从事财富管理业务的人往往都是很忙的，忙得没有时间停下来看路边的风景。嘉力给人的第一印象是干练和沉稳，见到我的那天她主动和我握手，面带微笑地说了一句：“志愿哥，您好！”

这种画面似曾相识，给我一种老朋友见面，她等我很长时间的感觉。原来，她一直想运用自己在金融理财和科技方面的经验，为广州的公益事业贡献自己的一份力量。我很好奇她为什么会有这样的想法，毕竟她的工作是繁忙的。嘉力告诉我，这几年广州变了，变得不一样了。可能是从亚运会那时起，广州的人文风貌、社会秩序开始发生了快速的变化，社会当中的正能量越来越多，人们的生活也越来越好。嘉力经常在大街小巷看到志愿者的身影，有一次自己去谈项目的时候，一位60多岁的志愿者在社区做活动映入她的眼帘，她走过去与老人交谈，好奇这个本该退休年纪的老人怎么还参加这样的活动。

老人笑着告诉她，公益事业是不分年龄，不分男女的。

这些默默无闻的志愿者，为广州的社会发展贡献了重要的力量，看似微薄，却能积水成渊。寥寥数语，却成为嘉力决心公益事业的良言。从那时起，嘉力便有了将自己擅长的金融事业与公益事业结合的想法。她抱着这样的想法，开始自己钻研探索的道路，但是苦于没有从事公益事业的经验，于是便寻找一些公益领域的合作伙伴。就这样，我们见面了。

她有技术，我有经验，我们都有为公益事业做贡献的热情。写这篇序的目的并不是为了赞扬她对公益的功绩，只是想借着我们的经历来谈一谈对在广州生活的态度。广州是在发展和变化的，这座城市的魅力，任何一个领域的人都看在眼里，在这个城市生活的人们是精致的。

《我的精致生活图鉴》是嘉力对广州的人、情、事的见闻的缩影，也是对广州这座城市的致敬。这里有最普通的人，过着平凡的生活，说着自己的故事。在那些看似平凡的日子里，是每个人积极向上的生活态度，是遇到困难不放弃的坚忍不拔，是享受生命最美时刻的精彩。不论你在广州是什么工作岗位，不论你从事公益、金融还是文化事业，就在这一刻，你的生活是精致的；因为这生活，你的人生便是精彩的。

知名公益达人　**张军文**

自序

本书将从我的人生经验开始，讲述运营万人兴趣社群、理财、置业、做志愿者的经历，归纳整理使用各种挣钱、省钱、理财的方法和生活小技巧，从而可以精致生活。明知道穷还甘于贫穷？穷不可怕，最可怕的是精神上的贫穷。有时候你不逼一下自己，就不知道自己有多大的能力来突破自己的极限。

其实关于这本书的写作也是一个机缘巧合。忆往昔，我从初中开始担任某校园网网络论坛的版主，积累了一批校友、网友及其他朋友。后来通过博客、微博、微信逐渐发展成了社群，自己运营约有20多个500人群。本书也是为了提高社群成员阅读的便利性，希望我建立的志愿者互助型社群的人们能够活得越来越精致，产生更大的影响力，也欢迎各位读者关注我的微博，一起分享精致生活的技巧。

不忘初心，方得始终，以后坚持跑步、读书、定投，努力工作，好好生活，做一个积极、有正能量的新时代女性，与大家共同成长！

目录 CONTENTS

PART 1 人脉就是钱

所谓人脉就是钱，这里所说的“钱”并不是一种通用货币，而是社交货币。社会中的价值有二种：一种是有形价值（譬如说人民币、美元等）；另一种是无形价值（社交货币）。你想赚取哪一种呢？好消息是二者皆可得！

当你帮了他人，他人下次也会帮你，这个“忙”可能不能用金钱去衡量，所以我更提倡看情况。我们可以不计回报地去提供一些举手之劳的帮助，不过，有一些应该计费的顾问服务除外，比如医生、老师、律师、理财顾问这类。逐渐下来，你就可以收获口碑信息。

其实，绝大多数的口碑信息都可以算作社交货币。乔纳·伯杰写过一本《疯传》，书中讲到如何打造口碑，让你的品牌像病毒一样传播。通过梳理，总结起来，最常见的可以分为以下八类：

一、表达想法：很多人都会有一些好的想法，但是不太会表达或者表达得不够完善，咦，正好有一篇文章，恰好可以帮助其表达自己内心的想法；

二、塑造形象：我分享这样的信息，可以帮助我在他人面前塑造良好的形象；

三、寻找同类：表达什么样的观点，可以帮助自身获得某一群体的认同；

四、社会炫耀或攀比：使我看上去比其他人更强、好看、有钱、有趣、有思想、有审美、有责任感……，以获得更多的影响力；

五、情绪抒发：情绪本身就是具有传染性的，优质的内容可以帮助人们抒发情绪；

六、展示爱心：爱心是宜人性和尽责性的体现，人们需要展现自己爱心的平台；

七、帮助他人："我有用，我被人需要"本身就是人的社会价值的体现；

八、提供谈资：社交不尬聊，帮助人们解决聊什么的问题。

当你对以上社交货币融会贯通时，恭喜你，你的人脉就具备了一定的价值。

我为什么会成为万人社群的群主？

就像小时候一路长大那样，我小学当上班干部；初中当上了论坛版主；高中当上学生会主席、广东省“三好学生”、校内首届学生党员；大学当上辅导员助理、学生会部长等。总是“不小心”就当了意见领袖。

我作为意见领袖的根源应该是由gz4u论坛版主开始的。就读大学时，因为喜欢上网，我常常在网络上分享自己的生活趣闻，想把美食优惠信息都告诉大家，因此把自己吃吃吃写成了KOL（关键意见领袖，Key Opinion Leader），大众点评也收获一群粉丝。后来，又因为要推广志愿者证，于是自己便为志愿者“带盐”，去实践，更获得了广州银牌义工的嘉许。可能是因为有极强的同理心吧，只要是大家好，结果好，需要帮助的人可以渡过难关。我都会热心地帮助他人。而我的这万人粉丝群里，除了我的同学、同事、朋友，还有很多志愿者等。

看完本书，你就会知道为什么我能吸引到这么多人。处处想着挣钱？还不如先挣人脉、助人自助，这样，你会得到更多。

覆盖数万人，我们的群除了“双子群”都满人了，对哒，如果你是双子座，是可以进群的，我们每年都有一次双子座大型聚会，已经进行了3年了，群里的业务会通过群主对接，我也很高兴能为大家服务。目前，我们社群有金融群（商业保理、融资租赁群、风控群、消费金融、保险、贷款、理财、银行、房产、券商、基金、信托、资管、投行、票据业务、债权业务等），地产群（土地、开发商、楼盘、中介、业主、装修、教育等），异业合作群，广告策划群，演艺经纪群（线

/ 我运营的中小样抢购群

上 + 线下全渠道，礼仪模特、歌手乐队、舞蹈表演、场地设备租赁等），公益 + 志愿者资源群（党建、家庭综合服务中心、100 多个学校、青年志愿者协会 + 公益机构等），票务福利群（演唱会、舞台剧、音乐会、亲子剧、歌剧等表演），女性主题交流群（全球代购、全渠道美容），全球旅游交流群（俄、德、法、瑞、意、泰、日、韩等），财务达人群（打折，精算，性价比最优配置），商圈资源（越秀、天河、海珠、白云为中心的楼宇垂直空间互动群），企业资源群（100+企业员工福利群），欢迎各位一同交流，微博号 / 大众点评 / 抖音 / 小红书 /MARS：孤独的优惠美食嘉。

精致生活是什么呢?

精致生活的图鉴可以体现为中小样群的晒单，也可以是美食群的吃货晒单，也可以是打折群的优惠话费充值晒单，也可以是志愿者们做完公益活动获得的小福利……其实我们生活中有非常多值得感恩、值得挖掘的小确幸，不一定是花很多钱才会开心的。作为群主的目标也就是为了给大家带来更多美的感受，体验生活美学，成为一个懂生活的人。

PART 2 如何建群？

社群如何建起来？

我在运营这 20 多个社群时，每个群都有自己的主题、区域、单位、爱好等标签。群都设立了副群主及拥有核心成员，大家都需要遵守群的规则，而且有一个共同的纽带，大家可以依靠一条主心骨去进行资源的整合。

我第一个建立的是各行各业的群。一开始在广州西塔上班时，我发现工作及生活的圈子特别需要垂直地与人进行交流，于是便通过微信的添加，逐渐建立并发展成一个 500 人群。必要的思维方法在我思考怎样运营微信群时有着极有效的帮助。需要进行裂变的时候，我选了第一个主题，以地产作为主题的——“买房一条龙群”。在不断整合买房资源的同时，这个群也是自己作为“房奴”想整合的一个平台。譬如说买房怎么找房源，买房后的装修，装修贷款，提取公积金等我都能提供相应的优惠及服务。后来，从这个群延伸了一个“租”的主题，接着，一个租用各种物资或者二手闲置的物品的群就诞生了。

此外，我平时很喜欢去享受美食和旅游，以及热爱购物，这个时候我就毫不犹豫地创立了美食（根据活跃地区分成了越秀、海珠等三个群），买买买，美美美这几个主题的群，并在群中分享一些购物福利、旅游福利，包括免费 Wi-Fi、免费机票、免费延误险、一些出境服务的攻略等。

最后，我在所有群里挑了最活跃的精明分子，组成了“折折折”群，包括任何的生活优惠，打折，便利。

还有，志愿者群，在群里可以帮助救急、志愿者招募、培训传达等，也是一个大型志愿者活动宣传的平台。

“看看看”群，演唱会、电影福利群，其中通过争取免费体验券的方式，为大家提供了视频会员，以及免费观影活动，实现了为商家增加人流量，并为广大群众谋福利的目标，很多时候，只有体验了才知道好不好，这也可以说是一种精神上的享受。

这些群目前都很热闹，时事热点，互助，招聘，各种有效的资源都在不停地进行整合中，我自身非常喜欢运营社群这种感觉，所以也想分享给大家运营社群的乐趣。能有这么多人最主要的原因还是我们都坚持社会主义核心价值观，三观正。

轻松玩转微信群

建群容易，可要轻松玩转微信群，而且是多个不同主题、满群人员的微信群，那就需要一些技巧了。想要加入我的微信群？或者跟着我来学习运营群、享受优惠，不妨来听听下面的故事。

相信很多女生都在微信中加了不少美妆护肤品代购，我也是。这些代购的客户有几百人至上万人不等。需要代购的顾客不会管你是深夜还是凌晨，工作日还是节假日。也许是你坐在摩天轮享受城市风光的片刻，也许是你尝试蹦极准备跳下去的一刻，而你的顾客则会拿起手机发着微信问你："这瓶化妆品代购人民币多少钱？"最终，也会有很多人受不了这些叨叨扰扰的信息放弃了兼职做代购业务的工作。这不，我认识的一个日本代购就很好奇地问过我："嘉力，难道你都不累？"20 多个 500 人的不同主题大群，说实话，真不好运营，但是，真的投入进去，并掌握运营群的一些技巧，玩转群不在话下。

如前所说，伴随自身工作的需要以及我自己一些想法的推广，逐步地，通过身边人脉的不断扩展和前期一系列的准备，我便依据不同人的需要建立一个个不同主题的微信群。在群中，遇到有需求的朋友、同学、其他群友等，我尽可能去手把手教给大家如何通过一些 App、商家优惠畅销、信用卡优惠购等活动来获取优惠。由此，大学师妹曾留言说：“加入师姐各种主题的微信群，在师姐热情分享下，简直是手把手地教，我才发现原来信用卡原来还能这么玩，而且我所办的银行卡的优惠折扣和积分都是实打实的。花更少钱，过一样精致的生活，何乐而不为。耳濡目染下，我分享了好多优惠攻略给身边同样用同款银行卡的朋友，一起享受优惠美好生活。”

此时，你会发现，我在运营群时，首先就把自己的人脉进行了导流。不同需求、不同爱好的人汇聚在不同主题的群里。那么，即使是 500 人的大群，这个群中的所有人肯定都会有几个共同的出发点。譬如“买买买”群，群内所有的粉丝肯定都是需要优惠的购物需求聚集在一起的；“看看看”群，所有的粉丝肯定都会喜欢电影、话剧、演唱会这些文化项目；“折折折”群，所有的粉丝都会是传递和享受折扣的受益者。当群中的信息又多、又新、又优质时，粉丝的凝聚力便越强，互动多，群的生命也会更持久。

其次，在运营群期间，我也都有去了解过本地有名的社群，并做了一些经验的总结。就我自身而言，我可以定制并满足大家需求的产品。因为自己是银行产品经理的缘故，我更容易去换位思考，懂得大家最切身的利益和需求，这样我在选择不同的信息更新不同的社群时，大家在需要我的同时更会告诉我他们的需求。此外，我还可以通过聚财合作进行招商，达到最简单便捷又可以多赢的局面，建立成这样一个平台，需求者、传播者和提供者都在一个群内时，也就是面面俱到。

还有，也是特别重要的一点，那就是需要培养一群分享的人。建群的最初，可能这个群是以我为核心，我来分享各类信息，各类优惠。但是经过潜移默化之后，群友们会习惯这样的一种生活方式和生活态度。他们也会乐于分享身边的生活以及要注意的地方。这时，我就发现，我把我想做的变成了他们也想做的并且他们做了也会开心的事情。为了保护每个群的生态环境和发展，我都会设立副群主和几个铁粉。当遇到心怀不轨的群友搞事，发布不实或违反道德的言论时，这些人首先就会进行初步的处理并及时反馈给我，阻止进一步有恶劣的影响发生。

经过以上建群、维护群的不断努力，我发现我个人的影响力也在不断提升，我发现可以想象的空间其实很大，社群可以为更多的合作伙伴提供价值，自然也就会获得伙伴们的支持。当优质社群聚焦优质资源，品牌社群为优质资源做信任背书，逐渐，圈层的共振力量让企业品牌和个人品牌无限放大，群口碑的力量就这样强大起来，轻松玩转微信群不在话下。

群如何留存、互动促新

近些日子，有很多商业机构找我探讨社群的经营，也有一些朋友问我，觉得我是运营社群中她遇见过最爱折腾的人，我的一天是不是有 48 个小时？而且天天积极爆棚！其实，除了前边我分享的一些自己运营社群的故事和技巧外，还想和大家说一下经营的一个重要的因素——群需要有具备谈资的功能。

所谓谈资，就是一些反常规的信息，有趣的信息，跌宕起伏的故事等，可以吸引大家的注意力，又可以把话题继续下去。这也是我们最最常用的社交货币。它通常是一个群活力的源泉，我运营的社群中，因为是不断提供物物交换的平台，就自然不会变成“死群”，有利用价值。生活本来就有很多充满讨论的可能性的话题，早上上班、中午休息、晚上下班，都是大家的碎片时间。在这些时间中，我们通过不同的优惠信息、最新的话题、最需要的指导和途径、最想认识的人、爱心转发等分享，使这样的群有不断的“活水”流动，群友们也会感觉这是一个很有用的群，这样的社群运营就很厉害了。

玩转微信群的能力必备

1. 玩微信群也需要情怀

就像很多年轻人喜欢旅行、看书、唱歌、健身一样，我觉得我天生就是喜欢做运营，读大学主修专业就是工商管理。做管理人员也需要一种情怀，我做这些事情没有觉得很烦，帮助他人真的是一件很有趣的事情，同时可以创造物质财富和精神财富。比如台风来了，我们对各类信息进行筛选并及时通知，使得群友们随时随地知晓信息，也进一步让道路交通状况减少一些不必要的堵塞，有时候，可能还会间接救了一些人的生命。

2. 要懂得尊重他人

在这里，我不得不重点说一个运营群时，所需要提倡的最基本的要素——尊重。尊重是一种修养。尊重包含什么？谦和，平等的人格。尊重是人生必修，如空气之于生命，是人与人交往的融合之源，是举手投足中的知性与优雅。尊重别人的缺陷，不嘲笑，不嘚瑟。尊重亲人的关怀，不厌烦，不打击；尊重别人的劳动，对亲人的付出，也要表示感谢；

尊重他人的选择，每个人都是独立的，我们无权干涉。

一个真正懂得了尊重别人的人，会以平等的心态和平静的心境面对所有事业上的强者与弱者，所有生活中的幸运者与不幸者。懂得尊重的人，总是让人舒适温暖。

3. 系统整理和记忆

运营微信群，不走心真不行，我运营的微信群中，处处都是真爱。

热爱运营社群还有一个关于我个人的小原因。或许是因为十几年网络聊天的习惯，这变成了一种刻意练习，我把它称作我的“超忆症”。这几年，人们对“超忆症”这个词可能不会陌生。超忆症者，并不是指他们能记住世间的一切，我查阅资料，明白它更准确的名字应该是“高度自传式记忆”（highly superior autobiographical memory，简称HSAM），拥有 HSAM 的人，他们能清晰地、高度准确地记住自己身上发生的事和自己感兴趣的事，就像随身带着一个全天开着的录像机。

在运营群时，不知道为什么，我总能记住这些人说过的话和一些行为习惯，这样在运营时需要做什么、怎样维护以及群友的需求等，我都可以快速处理并找到一些合适的解决方案。有些朋友也会问我，你做事情的效率怎么这么高？原因无非就是我感兴趣，并会系统性整理这些回忆，所以就记住了。就像有些人不会想着用书记录生活，对我来说，签到记录、发微博就像记日记，我可能因为这样的方法又加深了记忆。当我尽心尽力地帮助他人，相应地，大家也会传播这份爱心，这份正能量。这时，社群运营的大树的根基也会更深稳。

4. 高效的时间管理能力

还有一个特别重要的能力，就是时间管理。运用自己的碎片时间去处理群内遇到的一些问题，并时常组织线下交流的活动。平时辛苦的工作，我也很难去兼顾家庭，又怕“日理万机”很容易猝死，平衡工作和家庭本身就是一件特别难的事情。我也不是女强人，也不想成为企业家，只是想成为一个出色的现代女性。所以，增强自身的时间管理能力是我的下一个目标。拖延症真的很误事啊，希望大家一起提高系统性和时间管理能力。

PART 3 群如何生钱？

群如何生钱？

群为什么能生钱？因为这是集体的智慧。

在我运营的群中，比如有一个人找到了一个优惠的信息，他会作为优惠志愿者发到群里，然后再通过我作为信息的传递，把一个人的优惠信息扩散至5000—10000人的社群中，如果上传到社交媒体上，至少覆盖了数万本地人。大家也会因为想获得更多信息进入群，这时，群就十分值钱了。在我运营的群中，一旦有优惠信息，优惠通常是很快就会被抢完的。当信息源发出以后，一般就是几百个到几千个名额。我们可以通过群做到信息的实时共享，这就可以生钱。

目前我的社群已经为广大群友创造了1000万元左右的财富，包括日常刚需省到的钱、投资理财产生的钱，购买房产赚到的升值钱……这里说“群可以生钱”不是说给我本人赚的，而是给大家赚的，谁叫我是共产主义接班人呢，大家好才是真的好。

此外，群的存在意义是“互助”，钱可以体现在帮你找到了工作，你有了工作收入，也可以是有人送电影票，也可以是有人帮你买优惠券，节省了支出。比如说，当经济形势低迷的时候，假如你不工作了，你还有源源不断的收入吗？新媒体中常常流行这样的段子：

一、钱是什么？

钱是靠人挣的，也是给人花的。

小财是财富，大财是包袱。

二、房是什么？

房是给人住的，不是让人背的。

房子不在大小，只要充满欢笑；

位置不在好坏，只要有花有草。

三、车是什么？

车是给人代步的，不是拿来炫耀的。

有什么车不重要，重要的是没负担；

开什么车不重要，重要的是要平安！

四、名气是什么？

名气是一种修养，不是一种特权。

小名气有福享，大名气心不静。

五、美食是什么？

美食是一种享受，不是用来浪费的。

吃得不多不少是补营养，吃得太多太好是损健康。

六、人一生的感悟到底是什么？

生活不一定要大富大贵，而是要过得有滋有味。

幸福不一定要和别人比，而是要用心慢慢体会。

快乐不一定要别人给，而是要真正发自心扉。

群可以排解惆怅，因为快乐、省时间；因为满足需求，所以值钱、生钱。这就是所谓的一种社交货币。群就像一个治愈的医院，专治各种不服，当你和身边的人诉说悲伤，身边的人会被你感染，但是陌生人、旁观者都可以清晰地去分析。大家互不影响，互不相识，但因为互助而存在，帮人就是帮自己。

升级必备：建立理性的消费观、积极的人生观

你身边有没有这样的人，他们明明工资比你要低，但无论吃穿，又似乎都比你的要好。尽管你工资高，尽管你天天都在买东西，但似乎还是生活得没有他们那么好。

过精致生活就是这样，即使工资是有些人的三分之一，但吃穿用看起来仍会比他们高出几个档次。这该怎么做到呢？

我先问下大家，平时是不是有空就逛逛天猫？然后会忍不住买一些东西？地铁上、公交上、等车的时候，甚至在休息的时候，会不会习惯性地刷刷天猫，如果看到觉得有需求的东西，就买下来？但是，这些东西后来你用过吗？

回顾一下，其实很多东西，我们用过一两遍，就没用了。最典型的就是衣服，因为穿过一两次之后，很多女生就会买来新的衣服，旧衣服自然就没用了。所以说，这样至少一半的消费，是属于无用消费。所谓无用消费，是心动就买，而根本不想当下是否有足够的需求。

我想起很早的一个故事：为什么我们要开始上网购物？因为网购的东西便宜，可以省钱，但是网购普及这么久了，你省钱了，还是花了更多钱？而生活中往往有很多人并没有省到钱，而是花了更多钱，买了更多没有用的东西。因为他们都不明白购物的本质是什么，购物的本质一定是基于需求，而不是基于价格。便宜不会给你省钱，只会刺激你的伪需求，让你买到更多无用的东西。因此，建立一个理性的消费观实在是太重要了。

1. 量入为出，适度消费

量入为出——消费支出应该与自己的收入相适应，那如何理解这里的“入”？

我们的收入既包括当前的收入水平，也包括对未来收入的预期，也就是说我们在消费时要考虑我们的收入能力。如果你的月收入为 3000 元，那么你请同事们吃一顿，为了面子，花了 5000 元，很明显，这种消费行为是非常不理智的，可能会使你接下来的生活更加困苦。

适度消费原则，就是要求我们的消费与自己的经济承受能力相适应。在自己经济承受能力之内，应该提倡积极、合理的消费，而不能超前消费也不能抑制消费，否则，一方面，会影响个人生活质量；另一方面，也会影响社会生产的发展。

2. 避免盲从，理性消费

盲目从众是消费中常见的一种消费心理现象，也是对普通的消费者影响最大的一种消费心理现象。苏联著名诗人马雅可夫斯基曾说过：“流行的不一定好，比如流行感冒。”我们不妨归纳一下，理性消费该怎么做?

· 消费要根据自己的需要，而且要适合自己的需要。

· 消费时要有主见，不人云亦云，不随大流、追风头。

· 宽以待人，心态平和，不能因赌气而消费。

· 消费要协调，不能只重物质消费而忽视精神消费。

生活中，我们还应该要发扬勤俭节约，艰苦奋斗的精神。“勤俭节约，艰苦奋斗”不是指某种具体的消费方式，而是代表一种精神，值得我们代代相传。它不代表要穿打补丁的衣服和天天吃草根。时代不同，其具体消费状况不一样。但这种节约资源、善用资源、努力奋斗的精神，不论什么时代都是适用的，应该发扬光大。所以我们不能把勤俭节约，艰苦奋斗与合理消费对立起来，勤俭节约不是抑制消费，而是说不要浪费。

近期，社会上好多人被生活中焦虑的情绪所蔓延，在我认为，物质消费在可以节省的时候就可省一点，但是精神生活绝对不能穷。当我们在精神上找到了自由的路，世界观指导方法论，把积极的人生观、理性的消费观建立起来，这样，我们就大大减少了盲目消费的概率。比如说，为大家温习一下最近的精致生活工具——我们可以通过使用银行 App 中活动开展的 8 元水果优惠券，10 元哈密瓜，10 元牛扒，25 元便利店优惠券开启每日的精致生活。不用出去吃，我们可以直接在家中煮，营养一定得够，也要充满情趣。当经济较为困难时，其实也可以适当地在正规途径申请一些信用卡或信用贷款，保持良好的现金流。努力工作，不降低生活品质，花更少的钱，过更好的生活，也可以资产配置最优化，早日通往财富自由之路。

积极、乐观、有为的人生态度，是我们当前社会所需要的人生态度。当我们一直保持这样的积极心，永远正能量，此时，精致生活就在你的身边。这样一来，你不仅成为精致生活的践行者，而且更深刻懂得这一步步走来的过程。回想最初，从无群到新群建立，从加入群到体验群中的各种优惠，学习更多消费理念，这些无形的价值，就是群带来的价值。

PART 4 如何建立精致生活的格局？

精致如何体现呢？

我认为是担有责任，并在有压力的生活中，仍然可以活用自己的资源，把自己的生活配置最优化。有一种“英雄主义”就是认清了生活之后还可以热爱生活。

首先我们来谈谈刚需，有一个稳定而舒适的住所就是我们精致生活的基础。

买房的战略意义

不买房你永远是爸爸妈妈的孩子，买完房，你一秒变成一个家的主人，因为有责任，绝大多数人还有负债！理智地透支未来的收益，要合理选择透支对象，方可获得资本利得！

1. 最佳贷款期限

谈一个老生常谈的话题，最佳贷款期限是多长时间？

好多人关心这个问题。在我眼中最佳贷款期限是100年，列很多表格与计算给你看，得出的结论就是越长越好。我国现在最长期限是30年，所以你要以30年期限为目标来贷款。多交一些利息，尽可能长的贷款期限，是明智的选择，不管如何。

第一，房子越来越值钱；

第二，租金越来越高；

第三，月供占你收入的比例会越来越低；

第四，如果利率市场化（已经在进行中了）后面利率降低，你的月供只会越来越少而不会越来越多；

最后一个就是钱越来越不值钱。

2. “上车”故事

我和大多数人一样，上班下班，看看微信群。但是，一旦到了节假日，朋友圈里就有区别了：有去全球旅游的，有自驾去云南的，有宅在家里玩王者的，有砍价的，也有的回老家的。

我已经工作4年了，工资处于整个城市的中游水准，如果按照当初毕业时的规划，应该远远未能达到现在的私人银行资产水平。

现在回想起来，对我人生有转折意义的就是买房，我为此享受到了这个时代所带来的红利。不然即便我年薪20万，现在也不过80万元而已，还没算上消费。但经历了前几年房价的这一波疯涨，现在我的房子价值应该超过了800万元。当然我不否认有家里的资助，才有了撬动杠杆的力量，但能通过自己的努力保持良好的还款条件，也是可持续发展的重要原因。

物质基础决定了你的未来发展，不同的平台或者社交群体对你的阅历都是有影响的。物以类聚，人以群分，我现在就遇到了很多想变好的人，所以谨以此文感谢一路支持我的嘉粉。

这个社会有一种现象叫“羊群效应”，买不买房，买什么样的房子，可能是一时的选择，导致今天固定资产相差十倍，可能让同一个学校毕业的大学生在工作5年、10年后判若霄壤。

先说我自己。

大学的时候凭借自己的赚钱能力戴了牙套，考了驾照，交了学费，还包括读双学位的费用，我还是很拼的。

2013 年，我大三找工作时，更拼了。家里人建议我买房，当时我想购入的房产在广州市海珠区总价 120 万元，首付 40 万元，月供 5000 元。扛下来了。2017 年，我把它卖掉，翻了一倍，作为第二套房的首付，并还给家人第一套房子的借款，剩余的钱还刚好够房子的装修。2018 年，我目前住的房子也已经升值，现在，我的目标是还想在 2019 年再把它卖掉。在不断置换的过程中，希望有一天我能住在二沙岛，有自己的理财工作室，还有心中的诗和远方。其中，最关键的其实是我的工作有稳定的公积金，以至于我的现金流还是很稳定的。非常感恩我的平台，所以我会一直贡献我的力量，去给更多的朋友带来幸福的体验。

这个故事看起来好像有我的特殊性？那我再说多一个例子——好朋友前些天过五周年结婚纪念日。

我之前帮她搞定了白金信用卡 + 越秀学位房 + 打折房贷 + 爱家分期装修贷 + 广东工业大学师兄超划算的装修 + 入户广州。有了房子后，S 姐好像转了运，和她老公的收入大幅提高了。今年，学位房升值还加装电梯，小孩子即将上学，一切都安排好了。此时，我作为理财师的幸福感油然而生，他们已经购买房子的市值也是不断地攀涨。S 姐一家认为买房子除了自己居住，孩子的教育问题更重要，这套学位房也很容易出手，最近还想换一套有电梯的房子，因为他们已经“上车”了，换房也不难了。

如果一年前，S 姐没买这套位于杨箕的学位房，现在 5 万元每平的房价她支撑不起，上浮 10%—20% 甚至更高的房贷也是压垮人，生活其他方面的支出也会进行压缩，比现在拮据多了。然而现在的房贷他们承受得了，而且使用了信用卡优惠，一家的生活质量还是保持得很不错，并有空余的钱可以理财，生活更加多姿多彩。

房子真的能给人带来翻天覆地的变化？对，是翻天覆地。这个城市的房子是很多人的一个机会，不要吐槽这个城市的房价有多么的不合理，顺势而为，你失去的机会，只是在增加下一代的负担而已。

也有人问我，你不是有房了吗，为什么还会想继续换房？其实对我来说，我只不过想靠换房来获得更好的生活品质，住在什么地方，就会认识什么样的人，虽然很难，但总归要试一试。

而在这个城市拥有自己的房子，也是一个条件，你认为这个城市的房价非常不合理，但是仅仅是你认为而已。怕，就穷一辈子。

不买房？当然可以，把钱存到银行。我自己就是在银行工作的，非常清楚，银行再把钱“放”出去，让一部分人买房。然后你租的房子就是那部分人借你钱买来的，你用自己赚的钱，替他们还着月供。这个社会里，房东就是大爷，一言不

合就可能涨房租，想住下去就需要多掏钱，不接受就打包走人。租房的逻辑就是，你不买房要交租的话，你就要看房东脸色。即使是本地人，也别偷笑，因为婆媳关系等着你。

以前我还觉得，好像不关自己的事。可真的等到有一天和丈夫吵架拉着行李无处可去的时候，你才会发现其实有些话很有道理。

最近我准备帮男朋友买房子了，工作 2—3 年靠自己的努力去买，或者家里人资助去买都是一个选择。大湾区建设已全面铺开，我觉得房价会缓慢地升，并随着物价一起起飞。当然了，本人建议，不代表本公司的一切立场，仅供参考。

希望大家都别错过买房的末班车，以及爱你的人。

别忘了买房必备的——公积金

如果不是全款买房，千万不要忽略你的公积金。公积金不仅可以拿去买房还可以贷款，快来了解一下。

1. 异地购房、离职的，满足这些条件可提取

在广州，2018 年的公积金进行了一次新规调整。新规全称为《关于贯彻落实广东省住房和城乡建设厅等四部门开展治理违规提取住房公积金工作通知的实施意见》（下文简称《实施意见》），根据这份《实施意见》，广州市公积金在提取、转移接续等几个方面有了主要变化：

一是在非本市（本市指广州市）和非本人及配偶户籍所在地购房的，暂停提取住房公积金资格；

二是暂停以离职方式提取公积金。

据媒体报道，广州市住房公积金管理中心归集部的工作人员解释，假设某人在广州工作并交纳公积金，户口在东莞，配偶户口在佛山，则其在广州、东莞、佛山三地购房仍具有提取公积金的资格。但如果此人在深圳、中山等非广州和非户籍城市购房，则不能提取公积金。对于职工与单位解除或终止劳动关系的，在转入地开户并稳定缴存满半年的，可通过全国异地转移接续平台转移个人住房公积金。

此外，《实施意见》同时规定，限制频繁交易等投机行为的提取资格，对于一年内有两次变更婚姻关系购房，或者一年内产权变更达到两次的，即认定为频繁交易。对于违规套取公积金的，暂停住房公积金贷款资格和提取资格。

《实施意见》从 2018 年 7 月 26 日起已经生效，不过按照“文件不溯及既往”的原则，在26日前已经提出申请并录入系统的，还可以按原规定执行。此外，政策正常实施期限为5年。

2. 租房人群提取公积金

据《实施意见》，新规对以租房方式的公民提取公积金是十分有利的。对于在广州连续缴存满3个月的职工，无须提供租赁备案证明及发票，即可申请提取600元/月的住房公积金用于支付房租，如夫妻两人都是本市缴存职工，合计可以提取1200元/月。对于能够提供租赁备案证明及发票的，按照广州现行政策规定，租金最高提取额是6574元/月。上述两种办法都可以每半年提取一次。

3. 科普一下公积金提取的办法

（1）公积金缴款人带身份证原件、复印件到中心修改密码；

（2）微信上点：我—钱包—城市服务—公积金服务—公积金提取申请，在界面上录入信息，登录上银行预约办理时间；

（3）按照预约时间到相关银行网点办理公积金提取。这时，需要带以下资料（原件、复印件各一）：房产证；产权人身份证（如提取公积金的人是配偶的，配偶的身份证、结婚证）；契税发票；原贷款合同；《提取公积金申请表》需要单位盖章；产权人本人到场签名；收款卡。

一般资料齐全录入系统后3个工作日到账（以公积金实际操作时间为准），欢迎预约办理公积金提取，送VIP卡哟，预约电话020-83171589。

4. 科普一下租房者每月600元的提取办法

租房也可以提公积金？提取有什么条件？

职工在本市连续足额缴存满3个月的，本人及其配偶在本市行政区域内无自有产权住房且租赁住房的，夫妻双方均可申请提取住房公积金用于支付房租。

哪些租房可以提取公积金？可以提取多少钱？

从公积金文件上看，共分三类，分别为公租房、商品住房和本单位住房。公租房按每月实际房租支出申请提取。商品住房按每人每月不超过600元提取，实际房租支出超过600元的，可按照原租房提取规定提供相应资料，按每月实际房租支出申请提取。单位住房按照原租房提取规定提供相应资料，按每月实际房租支出申请提取。

最高可以提取多少钱？

提取上限为每月不超过上年度广州市职工月平均工资2倍的30%的住房公积金，由此推算出这一额度为6187×2×30%=3712.2元。

对了，想租好房子，不妨加入租房群，实时解决问题，老司机带路，私聊博主加入哦。

如何通过金钱整理年省 2 万元还可以精致生活?

1. 一年节省 2 万—3 万元的 10 个整理实践心得

以前，我是个不注意整理的人，发了工资，房贷月供 5000 元，其他想买什么也就买了，一年到头也没剩多少钱。但是，当我在珠江新城置换了房子以后，月供过万元的沉重房贷压力逼迫我不得不去找一些生活小技巧，通过资源最大化整理我的财务状态。后来，我看了一些整理的书籍，包括《断舍离》《怦然心动的人生整理魔法》《金钱整理》，从中发现了保持一个良好的现金流，多用优惠对于攒钱（还债）是多么重要。

因此，我在 2017 年开始了整理的实践历程，虽然做得还不是很完美，事后也会反复，但仍然坚持实践。我发现经过整理后，把不必要的东西扔掉，整个人待在相对空旷整洁的房间，会觉得神清气爽；乱花钱买东西，囤积在家里的情况也逐渐减少。因为之前每到“双 11”“618”等网络促销节日，我都会跟风一起买东西，但是往往买回来的东西有很多用不上，便堆积在房间。既占用了空间，又浪费了金钱，对还债来说很不利。比如我比较喜欢吃，冰箱总是放着很多很想吃的食物。可是很多时候工作太忙，忘记了，就放到过期了。类似的物品还有很多，我想大家也会有同感。

前文初步解释了关于为什么整理物品，保持环境干净会节省金钱，其实整洁的环境能提升能量场，吸引财神爷的到来，整洁的环境就是好风水。下面我分享下我的 10 个整理实践心得。

（1）钱包整理技巧

虽然目前我们都是用手机付款，很少使用钱包。比如我，钱包我就直接不带在身上，就放着几个卡在包中的暗格，手机保护壳里放着 50 块零钱和健身年卡。这时，我们需要做好这几步工作。

首先，一定要把微信、支付宝、Apple Pay、云闪付 App、大众点评等渠道都绑定了银行信用卡，使用微信、支付宝、Apple Pay 等方式可以最大化积分的累积（我绑定了 ×× 银行，有些银行不一定有积分，各位可以各自致电银行的客服）。×× 银行还偶尔会出使用闪付方式送积分的方案，长年累月，这样积分也可以使我们财富自由，而且通过操作 ×× 银行手机银行也可到 ATM 机上无卡取现。如果真的要用现金也是可以满足的，有时候跟路人置换一些现金也不会很麻烦，总之东西越少越好。

（2）钱存在银行卡的重要性

平时，很多人习惯把钱放余额宝或微信零钱财付通。这种方式看似方便，其实会使我们冲动消费的概率大大增加（自律的人先别杠）。因此建议大家即使有再多的闲钱，也请不要放在这些工具上，因为没有活期利息。开通 ×× 银行步步高及聚财通，即便放活期最高都有九倍利息，有聚财的效果。

现在，当我有消费时我都会用到信用卡积分，还款的时候从银行卡里自动扣账。这样做的好处是，不会忘记扣款，还可以获得额外的利息，如果选择 ×× 银行的手机银行余额理财，还可获得 4.3%—4.5% 的年化收入。当然如果这种闲置的资金已经超过了 5 万，还可以购入更高收益的理财产品，信用卡免息还款的时间一般是 50—60 天（×× 银行白金信用卡有最长 90 天免息还款）。

当钱放在银行卡中，微信零钱就看不见，冲动消费减少。而当需要购买大件物品的时候，还可以获得更多积分，比如京东“618” ×× 银行 8 倍积分，然后还可以用积分换钢镚去抵购买金额，长期坚持，你会发现不知不觉钱好多。而且银行对于你的卡的流水也十分重视，多存钱对于信用卡提额、日后申请贷款都有帮助。

（3）吃喝玩乐购的生财之道

首先，我建议需要控制那些超越可控范围的欲望，比如有一些人就是说“我就这样大手大脚，我就是爱乱花钱”，然后化妆品买一大堆都不会拿中小样去节省费用。诸如此类的借口，就会影响我们的支出有效性。

我们往往有这种经验：吃喝玩乐购感觉就是奢侈的，非常烧钱。但当你可以把握好度，也可以把这种东西转化成生财的办法，花在值得花的地方。譬如你使用大众点评等吃喝玩乐的软件，登记做美食志愿者，分享生活的心得，可以抽奖美食、美发、旅游民宿霸王餐，一年也可以省 2000—3000 元。如果你擅长写作，自己申请设立自己的个人公众号，还可以获得一定的稿费。再譬如，×× 银行信用卡日常生活里从洗车 1 元、汽车加油减去 50 元、椰子 10 元两个、日料 5 折、自助餐买一送一等都是很多优惠的，不妨通过 ×× 银行信用卡的优惠，去到探店时写点评，这样升级更快也可以节省探店成本。

（4）维持朋友圈的整洁

朋友圈保持干净整洁，看到一些广告或其他无益又会多花无谓钱的 × 多多互砍 App 等，效率极低，还可能一不小心参与了极可怕的平台（据说，之前有出现买卖猫狗肉等事件），类似经常玩这种卖资料 App 的朋友要尽快清理。本来贪小便宜的人物以类聚，便宜就没有好货，有时间都去多赚钱，这些人都是特别闲又想不劳而获的，对于消磨我们的时间和钱都有消极意义，应该及早断舍离。

万一不小心遇到假货和伪劣产品的，投诉无门，影响整个人的心情，破财又不走运，还是保持朋友圈的整洁比较好，经常一起玩的人如果会给你带来一些思路的开阔，这还能赚到钱。

（5）警惕手续费

现在，大家都是机不离手的一族，生活中用手机的时间很多，因此整理支付业务遇到的手续费也变得十分重要。其实长年累月，你在这里浪费的钱也可买很多杯咖啡了。譬如用 ×× 银行手机银行 + 信用卡，可以免微信、支付宝提现手续费。还有用 ×× 银行卡省掉境外取现的手续费、跨行取现的手续费类似的这些杂费，都可以为我们节省一笔钱。

（6）旅游费用整理的技巧

现在，很多人选择一年至少一次出境旅游。这时，你可以通过自己的信用卡获得免费旅游 Wi-Fi，免费国际驾照翻译件，免费延误险，在线免费金卡以上免去台湾、日本旅游签证的财力证明；其中，额度白金卡可以免去新西兰签证的财力证明，租车、酒店、机票、娱乐设施特价等都可以使用；提早换好外币，节省了在当地损失汇率的一些兑换等；还有就是有时境外刷卡都是双倍积分的，有时候帮人带一些东西，也可以获得更多返现；有时候都可以覆盖一些旅行费用，比如去澳门的大巴就是几十元而已。

比如我去澳门旅游，可以拿到 49 元的来回车票，也可以报名自助餐，250 元包来回车票，申请免费 Wi-Fi，利用积分和返现的活动攒优惠，这样就能和支出持平，实现这一次旅游的“财富自由”。

（7）用整理的技巧买车

现在，买车越来越普及。在我看来，买车最好可以用车贷分期。譬如，用 ×× 银行卡买车分期还会有积分。因为不仅车贷费率低，还款就像还信用卡一样。如果你花钱买 30 多万的车就等于有 30 多万的积分，这样，至少就可以免费 get 40 多杯星巴克饮品或者一张机票了；如果买保时捷，那积分就可以换一个戴森吸尘器了。什么都不做又减轻了压力，增加了很多福利。一次买清之后，车抵押出来很难的，车是消耗品，还会折旧，但是钱却可以生钱。

（8）用整理的技巧买房

现在，我们都说买房好难，压力很大！

其实所有的钱都不是一下子就蹦出来的，如果你确实无法赚到更多的钱，建议你管理一下自己的收入开支情况，如果 3—5 年要存到 30 万元首付，每年至少要存到 10 万。每年按照上述生活技巧省到 2 万—3 万元，然后每周可以定投 500—600 元的话，大概是 2 万—3 万元。加上公司发年终奖有 4 万—5 万元的人，一年 10 万元的目标就达成了。当你的雪球开始滚动，就会越滚越快。

（9）学习费用的技巧

如果你想在职读研或出国留学，就可以申请读研或者留学贷款，这样可以合理地降低压力，又可以满足愿望。提升自己的钱一定不能省，如果有一些读书会、分享会等，建议大家多去，可以提升自己价值，这也是钱会变多的一个重要原因。

但是切记，网络上有很多陌生的网课，并不一定能给你带来有益的东西，只是会消耗你的钱和精神，所以自己读书或参加一些著名社群举办的线下的读书会，人生游戏等性价比会更高。

（10）朋友借钱风险的抵御

在与粉丝交流的过程中，发现不少人的开支都不是花在自己上面的，都是因为心软借钱给朋友，朋友又不还，所以导致钱一直变少。面对这种情况，可以跟这些朋友说，借钱请找 × 银 e 贷，交税满 5000 元，持续 2 年以上可以在线申请，最高 30 万元，秒到账，还可以随借随还。还可以开信用卡，有房的可以用爱家分期，这些都是信用贷款，其实很简单就可以实现转介朋友的需求了，减少了钱亏损的风险。

以上就是我分享的一些整理技巧，大家也可以写一下你支出最多的地方，也欢迎各位看官分享你们精致生活的技巧。

PART 5 钱生钱

北京：一套房 = 少奋斗 41.15 年

上海：一套房 = 少奋斗 38.8 年

深圳：一套房 = 少奋斗 51 年

大连：一套房 = 少奋斗 13.76 年

天津：一套房 = 少奋斗 23.3 年

石家庄：一套房 = 少奋斗 12.75 年

太原：一套房 = 少奋斗 11.61 年

武汉：一套房 = 少奋斗 14.62 年

青岛：一套房 = 少奋斗 15.62 年

西安：一套房 = 少奋斗 22 年

佛山：一套房 = 少奋斗 9 年

奋斗不一定全是为了钱，还有骨子里那份自信、淡定、从容！买得起自己喜欢的东西，去得了自己想去的地方，能承担起该承担的责任，不想做什么就可以不做，过有质量的生活！做一个无可替代的自己！正如电影《一代宗师》给出的答案：“见自己，见天地，见众生”，人不能只为了自己而活，你为了什么而奋斗，才能获得什么层次的回报。决定你人生上限的，不是能力，而是做人做事的格局。

格局见结局。

如何精致地利用积蓄投资？

问一个很实际的问题：“有没有哪个人这一生会没有问题的？”

坏消息是，没有。

好消息是，我们可以不断超越问题，而不是成为问题。

这一生，我们会面临很多问题：

我该如何选择我的职业方向？

我该如何跟孩子沟通？

我该如何维护好婚姻关系？

我该如何管理我的员工？

我该如何和焦虑、压力、情绪、匮乏感共处？

……

我们有很多个“为什么”，也有很多个“怎么办”，如何让自己拥有不断解决问题的能力呢？

如何拥有一套简单有效的方法呢？

很简单，来基金定投吧！

将这些问题量化成需要的工具和资金，然后通过定投一步步满足计划。

如果你还不懂基金定投，可看看这个例子：你定投 100 元，基金净值 1 元，你能买 100 份，基金下个月跌到 0.5 元，你能买 200 份，再跌到 0.2 元，你能买 500 份。最终你投了 300 元，获得了 800 份基金，成本仅为 0.375 元。那么只要基金净值超过 0.375 元你就赚了，而且基金还会有分红。基金定投不需要太多的理财专业知识，只要每月定期投入即可，最好的懒人理财方式！ 15 年，人生规划的最佳周期，科学理财的最佳建议！

70 岁之前人找病，70 岁之后病找人。社保、医保只能报销一部分，当自己的健康受到威胁，不仅会拖累自己，更会拖累子女，医疗储备定投！干得动时人养老，干不动时钱养老，不想把自己的未来掌握在别人手中，就必须为自己养老做打算，养老定投！儿子娶媳妇，买房买车不可少；女儿要嫁人，嫁妆早早准备好。为了孩子们美好的未来，是不是要准备婚嫁金定投呢？基础教育费用、培训班、艺术班……琴棋书画样样都要钱，教育定投！35 岁上有老下有小，压力巨大想创业怎么办？创业启动金定投必不可少！如果不用还可以作为应急，快快给自己准备一份儿吧！

从今天起开始坚持三件事：跑步、读书、定投，未来的你一定会感谢现在的自己。

十种世界顶级思维

1. 墨菲定律

如果有两种或两种以上的方式去做某件事情，而其中一种选择方式将导致灾难，则必定有人会做出这种选择。

2. 波克定理

只有在争辩中，才可能诞生最好的主意和最好的决定。

3. 奥格尔维法则

如果我们每个人都雇佣比我们自己都更强的人，我们就能成为巨人公司。

4. 美既好效应

对一个外表英俊漂亮的人，人们很容易误认为他或她的其他方面也很不错。

5. 蓝斯登定律

和一位朋友一起工作，远较在父亲之下工作有趣得多。

6. 洛伯定理

对于一个经理人来说，最要紧的不是你在场时的情况，而是你不在场时发生了什么。

7. 刺猬理论

刺猬在天冷时彼此靠拢取暖但保持一定距离，以免互相刺伤。

8. 托利得定理

测验一个人的智力是否属于上乘，只看脑子里能否同时容纳两种相反的思想而无碍于其处世行事。

9. 沃尔森法则

把信息和情报放在第一位，金钱就会滚滚而来。

10. 吉德林法则

把难题清清楚楚地写出来，问题便已经解决了一半。

意识指导生活，我们要把思维习惯和行为模式都设计一下，才可以有好的结果。选择和努力，缺一不可，走错了方向，怎么努力都要用很多代价去偿还。

“让时间成为朋友”，这句话放在开信用卡及投资理财特别适用。“十大投资金律”上有一个故事：陈先生 20 岁起每个月投资 500 元买基金，假设平均年报酬率 10%，他投资 7 年就不再扣款，然后让本金和获利一路成长，到 60 岁退休的时候，本利已达 162 万元；王先生则 26 岁才开始投资，同样每月存 500 的计划，他花了 34 年持续扣费，到 60 岁才累计 154 万！相比之下，王先生投资才晚了 7 年，但要追赶一辈子。

以上故事的计算说明一个问题，投资理财开始越早，最后的收益就越多。或者说投资理财开始得越早，达到同样的收益，付出的成本就越小。差距是如此之大，简直不算不知道，一算吓一跳啊！每个月 500 块怎么省的？而用 ×× 银行信用卡，一个月省 2000 块都很简单！吃喝玩乐活得更好了，钱却越来越多了！积分就是钱！懂理财的人生就是不一样。

有朋友问现在银行存款相对于其他理财产品有什么优势？好吧，有两件事大家必须明确：一、我们看到一些有钱人会有选择的借钱，一些穷人存钱。（这里所说的“有钱人”和“穷人”是广义上的泛指。）二、风险和收益对等。银行大额存单作为一种金融产品，一直都是机构或者现金流较好的企业以及个人资产配置的工具。银行存款具有稳定性。很多人尤其是老年人以及风险厌恶型的人，还是喜欢定存的，这跟国债虽然收益率低，但是依然有很多资金追逐是一个道理。

此外，还要提到的就是要达到睡后收入！什么是“睡后收入”？睡后收入是指睡一觉醒来就有的收入，你不用去做些什么，收入就会持续增加。我们平时上班工作赚的钱，都叫做“主动收入”，一旦你停止干活，收入也随即停止了。而“睡后收入”属于我们常说的“被动收入”。睡后收入可以随时随地为你赚钱，最直观的例子便是房产。比如有人2004 年在北京五环的回龙观，40 多万购得一套不到 100 平的房子。2013 年转手卖了 300 多万。理论上 9 年间，即使你每天睡觉，房产却为你净赚 260 多万。睡后收入就是如此美妙的事情，它是实现财务自由的最快捷方式。

同样，开源节流同样重要，由于开源有很多种渠道，而本书着重描述的是主要是节流同时钱生钱的办法。

PART 6 如何无本生钱？

你的财务状况还好吗？

现在，月光族的队伍是越来越大了，壮大的月光族不仅“光”，更拥有不小的债需要还。作为一个月光族，早早脱“光”非常有必要。

首先，大家可以从以下三个维度为你的财务做一次全面“体检”——财富安全、财富成长、财富自由，每个维度都有简单的小公式和相应的标准范围供参考，简单又直白。

1. 基础体检：你的财富安全吗?

安全是最基本的需求，财富是否安全就是看我们的钱是否具备应急能力，能不能提供生活保障，偿债能力如何。

（1）应急能力

如果突然失业、辞职，你的钱能让你在保持当前生活水准的情况下生活多久?

应急能力指标：流动资产 / 日常月支出

健康情况：3—6 之间

我们经常说，“世界那么大，我想去看看”，那么这时候上面的指标就能告诉你，可以出去看多久。当你落魄时，如果有这笔钱，就可以让你拥有一定的缓冲期重振旗鼓。

当然，这个数值不宜过大，流动资产一般就是我们的现金和活期产品，过多说明收益很低，会造成资产闲置浪费。

（2）保障能力

这里说的是，除了基本的社保，还要配置保险的重要性。提到保险一般有两个指标：保费支出和保障额度。

保费支出：年交保费 / 年支出＜ 10%

对普通家庭来讲，保费控制在年收入的 10% 左右，过高的话容易造成自己的经济负担，得不偿失。主要目的就是花较少的钱做最大的保障，不影响自身的生活质量。

保障额度：保额 / 年收入＞ 10

上面这个公式的意思是，万一发生了意外，能留下 10 年的年收入给子女和伴侣，让家庭不会因为突如其来的意外，减少了收入来源，从而影响生活质量。

（3）偿债能力

财务安全的第三个层面，是合理的负债。债务的总量及月供过高的家庭显然在财务安全性上存在不足。如果家庭每月要还的房贷、车贷等月供总额在月收入的 35% 以内，就是合理负债。

切忌在资产不充足的情况下，借用“首付贷”等高风险手段买房保值，造成压力过大。这里有三个指标评估我们的负债偿还能力，是否有陷入债务危机的风险。

指标 1：流动资产 / 短期负债

健康情况≥ 2

如果计算结果大于 2，说明你的活钱应付近期需要偿还的债务是比较富裕的；否则的话，就需要警惕一下，做好流动资产的准备。

指标 2：总负债 / 总资产

健康情况≤ 60%

这里是看你的财富组成是否合理，上面说的是短期负债，而这里指的是长期负债。如果一个人的资产大部分都是借来的，想想也是很恐怖。所以这个指标不宜超过60%，否则会很危险。

还有下面这个指标判断你的贷款是否合理。

指标3：每月房贷、车贷等固定还款/每月收入

健康情况：≤40%。

这一指标对于要当房奴的人来说，很有参考价值。如果这个指标大于40%，那么说明压力过大。当然，现在买房，尤其一线城市的很多年轻人的房贷就占了工资的一大半，因为买房是刚需，咬紧牙关也要买，但是这种情况不要持续太久，要努力增加收入减轻负债压力。

2.财富成长：你的钱生钱模式如何?

在保证安全的基础上，我们要不断让财富实现增长。你的钱有没有很好地为你赚钱呢？一般我们赚钱的模式有两种，一个是主动收入，靠人努力工作创收；另一个是被动收入，钱生钱，通过投资生利。

你的生钱模式是否足够强大？这点可以从储蓄能力、生息资产和投资回报率三个方面来看。

储蓄能力：很多人都强调年轻人要强制储蓄，尽早拥有人生第一桶金。事实证明，大多数人拥有第一桶金就是靠储蓄。

储蓄能力

每月储蓄额 / 每月收入

健康情况：≥ 30%

如果你每月的储蓄额超过了收入的 30%，那么说明你达标了。但是如果指数为 0，说明你是一个十足的月光族，所以，我建议从现在开始先存钱，后消费。从 10% 的储蓄比例开始，因为数据发现 10% 消费的减少，并不会对一个人的生活有影响，所以不要心急，慢慢增加储蓄即可。

生息资产：存了钱后，当然是投资赚钱啦，那么你有多少钱是生钱的呢？

投资资产 / 资产

健康情况：≥ 50%

如果你的投资资产比例低于 50%，那么你的财富增速就会降低。

投资回报率：年底大家会在意这一年赚了多少，更值得在意的是你的投资回报率是多少，看谁赚得多，赚得快。

投资收益 / 投资资产

健康情况：因人而异，视市场情况而定，但至少应该跑赢通胀

用每年的投资收益除以投资的全部金额，得出的这个数值就是你的投资回报率。每个人的风险偏好不同，有的偏保守，有的偏进取，而且每年的市场情况有变化。因此，在自己可以接受的范围内即可，不要贪图过高风险。

3. 你距离财富自由还有多远?

很多人都会谈 40 岁前实现财富自由。什么是财富自由呢？拥有 1000 万，还是 5000 万？其实，财富自由可通过一个公式来参考：

财富自由

被动收入＞支出

如果你达到了以上标准，就说明你可以不用工作，只靠钱生钱就能满足日常需要了。这里的被动收入不仅仅是投资收益，还包括譬如说出书后的每年再版的稿费版权收益，总之不需要你为钱而工作了。当然，大家不必盲目追求财富自由这个目标，好像躺着就可以赚钱，其实即使达到这个目标

也不意味着就真的啥都不用做了，理财是一直要做的事。

温馨提示，这些指标仅供参考，不是绝对标准，因为每个人状况不同，风险承受能力、收入、家庭结构等情况迥异，可以根据自己的情况酌情调整。

经过这样全盘检查下来，是不是对自己的财务状况有了进一步了解？别急，“体检”后还有更重要的事要做。现在就请根据每一个指标面对的问题，想想解决方法和应对策略，相信你会对自己的生活决策和财务规划有新的看法。

进行资本原始积累

什么叫资本原始积累？小学教科书都已经反复讲了无数次了。如果你看《现代财经》杂志。他们会和你说“+15%的复利”。但是复利的伟大威力，也是建立在时间基础上的。人生的大部分时间，都空耗在 10 万—350 万元的阶段上了。而真正 350 万—1000 万元，按照复利的算法，也不过几年时间。

当你是一个大学生，两手空空，走上社会。横亘在你眼前，真正的困难，是你的“本金”太少。如果你只有 10 万元储蓄的话，无论你如何理财，无论你理财的回报是多少。都不能让你获得特别多的金钱。对于一个青年人来说，他可能要消耗整十年的时间。整整的 25—35 岁整段青春，来积累他的“第一桶金”，或者是第一个 350 万元。但是，从他的 35—45 岁，下一个十年之中，他的资产有可能翻十倍。有可能从 350 万元，升到 3500 万元。然而并没有什么用，你还是丧失了最宝贵的十年青春。

另一个角度，你的发展上限也受限制了。如果你 25 岁的时候，就有 350 万元。那么你到了 35 岁，就能有 3500 万。到了 45 岁，你的目标是 3.5 亿！可见当你有更高的起点的话，你就能有更高的终点。这里面的区别，差了十年的岁月。多了 10 个 Turns。玩《文明系列》的人，自然知道这有多大的意义。

办卡

信用卡有什么用呢？办卡永远比存钱容易！

对于一个刚刚踏上社会的大学生。你让他存 5 万元储蓄，那可能要存上整整一年的工资。需要省吃俭用很长一段时间，每个月攒几千。但是你让他办一张信用卡，动辄批 2 万、3 万额度。这个是很容易的。真的要批 5 万乃至 20 万，30 万的白金卡，也不是不可能的。

从一个大的尺度来讲，如果你要办 150 万的信用卡，其难度，和一个 23 岁的大学生要存 150 万现金绝对不是一个难度数量级的。办卡终究相对容易。而且，随着科技的不断发展，办卡的流程越来越便捷了，几个工作日就可以拿到信用卡，而且也会有一些开卡礼获得呢。

信用卡的战略意义

身边有一部分朋友自认为自己不缺钱，所以不用办理信用卡。殊不知，信用卡不仅仅有透支资金的用途，而且作为经济能力的一种证明材料越来越被看重。不过，不是所有的信用卡都可以，得是白金卡级别以上的才能起到这样的作用。

一、签证服务。

白金信用卡是一项有力的经济财力证明。如果要出国游玩等，可以作为证明自己有经济能力支付旅行的材料，获得免签入境。

举个例子：××银行银联白金卡持卡人在中国境内北京、上海、广州、香港、成都等地申请新西兰个人签证时，凭其信用额度不低于 3 万的银联白金信用卡或钻石信用卡卡片正面复印件、该卡近三个月的银行对账单、显示该卡信用额度的材料，可替代银行存款证明、工资证明及在职证明，简化申请手续。

二、各种优惠权益。

刷卡消费积分累计、五星级酒店优惠、免费接送机、贵宾厅等等各种优惠权益。金普卡能享受到的优惠，白金卡及以上级别的信用卡会享受更多的优惠。

三、白金卡级别以上的就有机会享有国际医疗救助服务、国际旅行救援服务。

四、免外币交易汇兑手续费。

国外消费找不到货币兑换点？也可以刷你的银联白金卡呢。

持有一张白金卡能享受的要比以上四种服务还要多。因为各大银行与商圈的合作越来越密切，几乎所有的消费都能用上信用卡。大家出行的机会也越来越多，有一张白金卡也越来越显得重要和迫切。

所以能办到一张白金卡，就是无本生钱的一个开始，当你拥有了良好的信用，银行会更愿意借钱给你，你就有了无本生利的基础。

“早晚都要还的”是很多不办信用卡的人的理由，还有一种大概是怕控制不住自己超额支出，给自己酿成麻烦。信用卡除了透支消费的基本功能外，还有诸多玩法，比如积分换各种礼品、兑换里程免费坐飞机、免费住星级酒店，甚至套现理财等等，从初级到高级，各种攻略，几天都说不完。

然而，这些都不是最重要的，都没有说到点上。信用卡的本质是一种个人小额借贷，最直接的作用就是给你提供资金流。这就是信用卡的真正意义。说白了就是在你需要用钱的时候，能够拿来用。

“一分钱难倒英雄汉”，因为缺一点小钱而错失一次机会，或者做出一些无奈的事情，后悔都来不及。信用卡有50—56天免息期，早晚都要还没错，但是货币是存在时间价值的。货币的时间价值，其表现形式是“当前的1元钱，比1年后的1元钱经济价值要大一些”，这个价值就是利息。

楼市的大V欧神写过一篇文章叫作《信用卡的战略意义》，到这里大家可以先去阅读这篇文章。

信用卡的战略意义就是：让你跳过了资本原始积累阶段。

信用卡就是使得你25岁拥有350万元本金！你的信用卡的授信额度有多高，就相当于你可以从银行贷到多少钱。

“总资产 = 净资产 + 负债”是非常重要的金融常识。负债其实也是你的资产！很多人厌恶负债，但是负债也分有利的负债和不利的负债。简单说投资性负债属于好的负债，消费性负债属于坏的负债。不夸张的说，你看到的那些有钱人，都是有负债的。当你信用卡总授信有了几百万额度的时候，这些钱能产生什么样的价值就完全看个人的驾驭能力了，或飞黄腾达，或万劫不复。因此只能用于正规的、把握比较大的投资（比如购房等）。但是没有哪个银行一开始就给你很高的额度，因此必须先培养足够的授信额度，然后再加以利用。

安全用卡小课堂

骗局揭秘

1. 不法分子会伪装成银行，以短信的形式向大众发送积分换礼提示信息，短信包含不明网站链接，以骗取大众的卡片信息进行消费交易。

2. 不法分子还会以积分兑换现金或高价值商品向大众发送短信，趁机以预付运费、税费、手续费等形式骗取钱财。

防骗秘籍

1. 有些银行的信用卡交易积分不能直接兑换现金，积分活动短信中不会展现链接地址。

2. 切勿在陌生网站（链接）中输入卡号、有效期、卡背面数字验证码等信息。

3. 短信验证码相当于交易密码，切勿告知任何人！

看了上面的骗术揭秘和防骗秘籍，是不是已学会如何揭穿积分返现骗局啦？甄别短信骗局。摸清各类套路，安全使用信用卡。

学会独立思考和做一个负责任的人

我曾在一个微信公众号中读到这样一条基本原则，熟悉传播学的人们可能不陌生：对于任何事情，我们要尽量关注事实判断，而非价值判断。因为事实判断是确凿的，能够达成共识；而价值判断是依赖于视角和立场的，可以有多种解读。

但是在生活中，很多时候是相反的：我们接收到的信息，往往被有意无意地模糊了两者的局限，被预设了立场，然后打包、封装起来，“喂”给我们。庞杂的信息流充斥着生活中的方方面面，当你可以科学的判断这些信息，唯信息资源所用时，无形的财富就已经成形了。

在生活中，我认为当今时代，拥有财富和实现自我一定不能缺少一项能力就是——独立思考。而生活中很多人往往会缺乏独立思考的能力。这就是很重要的一点：因为构成我们思维的信息，从源头开始就是有偏差的。

当我们一直生活在偏见和立场的灌输之下，久而久之，就会习惯戴着有色眼镜去看待事物。这样做是不是一定不好呢？当然不是。生活中，我们经常会给人贴标签，用刻板印象去评判别人。很多时候，这能帮助我们节省认知资源，提高决策和思考的效率。但要注意：这只是一种走捷径的取巧方式。如果你一直用这样的思维去看待事物、进行思考，那多少会显得有点“头脑简单”。那么，这会有什么后果呢？

我们越来越依赖于别人告诉我们答案，指引我们方向，告诉我们应该用什么方式去生活。

独立思考有什么用？我会告诉你：

它没什么用。但如果你不想被别人牵着鼻子走，真正面对自己的内心，你就有必要培养独立思考的习惯和能力。不断反思自己的内心，问清楚“我想要什么”。时时刻刻弄清楚，我的想法、观念、欲望，是真的来源于自己的内心，还是来源于群体、环境，和“他们”？有些事情，“他们”的想法“他们的选择”并不一定的合适于你的。

这时就需要以我为主，为我所用。明确“我想要什么”，让一切来帮助你、成就你，而不是被融入环境。在湍急的河流上前行，唯有内心的声音，能够为我们导航。

而这些，其实就是无本生钱的资本之一了。

此外，如果你真的一定想用信用卡做“启动资金”。一毕业就有几百万“起步”。那你需要怎样的个人品质呢？

我认为是严谨，极度的严谨。

如果一个人可以玩转信用卡，那他这辈子干其他任何事，估计都不会太差。因为信用卡要求高度的“责任心”。信用卡本身的游戏规则是已经决定了的。到了第56天的最后一刻，你必须要把卡债还上。哪怕相差一天，哪怕是第57天凌晨，它就会产生利息。你也不可以早还，因为你吃的就是免息，赚的就是免息期。早还了你就没得赚。

你只有坚强，你只有踏实。

岁月静好，人生的路，都是自己选的。

PART 7 生钱的境界

生钱的境界

最近有一部很火的电影叫《西虹市首富》，影片中主人公在最后遭遇了灵魂拷问，是要钱还是要爱人，结果是当他选择了爱人时也会得到遗产。茫茫人海可以找到一个心爱的人，这是多么大的福气。或许生活没有你想象中那么好，但也不会糟糕到哪里去，所以要知福惜福，和爱人在一起，多说关怀话，少说责备话。如果你懂得珍惜，你会发现你获得的越来越多；如果你一味追求金钱，你会发现你失去得越来越快。

生钱的境界确立在你在追求梦想，有爱的人，有好的生活。钱是为了你的美好生活而存在的工具，并不是前提。

有这样一个故事，一个年轻的乞丐向上帝乞求财富，上帝给了他两个选择：一个选择是一次性地给他 1 亿元；另一个选择是第一天给他 1 元钱，然后每天都在前一天的基础上翻倍给他，总计给他 100 天。他应该选择哪一个呢？

如果选择第一种，他能一次性变成亿万富翁。

如果选择第二种呢？第一天拿 1 元，第二天拿 2 元，第三天拿 4 元，第四天拿 8 元，第五天拿 16 元，第六天拿 32 元，第七天拿 64 元，第八天拿 128 元，第九天拿 256 元，第十天拿 512 元，第十一天拿 1024 元……

到第 100 天的时候可以拿多少呢？实际上，他在第 28 天时拿到的钱就已经超过 1 亿元了。然后，你可以算一算他一共能拿多少钱。其结果是极为惊人的。

接着，我需要和大家分享一个著名的理财理念——“哈佛教条”。“哈佛教条”要求每月先储 30% 的收入，剩下的才能进行消费。哈佛大学教导出来的人，以后绝大多数都很富有，并非仅仅因为他们是名校出身、收入丰厚，更是因为他们每月消费和储蓄的行为都严格遵守“哈佛教条”。

“先花钱，能剩多少便储着多少”是普遍的理财观念，但如果采用这种方式，到了月底，所能剩下的用于储蓄的钱其实并不多，甚至根本就没有了。而哈佛人学子则要求每月储蓄的钱是每月最重要的目标，只能超额完成，不能找任何借口和理由放弃目标。因此，哈佛人学子剩下的钱就越来越多了。

俗话说“人两脚，钱四脚”，就是说钱追钱，快过人追钱。把钱当成消费等价物，便越花越少。用钱生钱，则会越生越多。假设你现在有 10000 元用于投资，每年的投资收益是 15%。如果你是赚单利的话，3 年后，你总共可以赚到 4500 元。但如果你每年都把赚到的钱用于再投资的话（也就是赚复利），那么 3 年后你总共可以赚到 5209 元。这多赚的 700 多元，是在这 3 年里你赚来的利息所生的钱。富人主要都是用钱赚钱的，所以越来越有钱！在现今高房价、高物价、高压力的“三高”环境之下，如果你仅仅靠一些“死工资”，只会赚钱而不注重投资理财，到头来还是一个“穷人”。按照每年 5% 左右的通货膨胀速度计算，假如你在银行里有 10 万元活期存款，这就意味着你的财富每年会因通货膨胀减少大约 5000 元。所以，工薪族一定要增加投资理财知识，让钱为你赚钱，因为这样会比付出体力或脑力劳动去挣钱要轻松得多。

此时，我也会建议家庭投资规划参考“4321”原则。

“4321”原则是将家庭资产进行优化配置的一种方式：将 40% 左右的收入用于投资理财，30% 左右的收入用于家庭生活开支，20% 左右的收入用于银行存款以备应急之需，最后10%左右的收入用于各种必要的保险。

另外，别忘记给个人和家庭留出一笔应急资金，主要用于应急之需，这笔资金的数额一般相当于3—6个月的个人或家庭月开支。储备时可以选择活期，或者选择一些年收益率在5%左右、投资期限只有1个月的短期理财产品。因为一旦需要用钱，这类理财方式变现较快。

断舍离：想要的不一定是需要的

断舍离是日本作者山下英子创作的家庭生活类著作，讲述了日本杂物管理咨询师山下英子推出的概念：

断 = 断绝不需要的东西，

舍 = 舍弃多余的废物，

离 = 脱离对物品的执着。

当一个人的内心装了太多的欲望、得失和放不下，他的人生自然处处受其牵累。正如武志红在《身体知道答案》这本书里说的："如果没有身体的佐证，一个道理对你而言就可以说是一个谎言。"当心灵疲惫，身体出现了一系列健康问题，这都在告诉你，放下，尊重你自己的感觉。不能挑起100斤的担子，那就扔掉20斤，只挑80斤的担子。简化人生的“节目单”，把那些冗余的“欲望”减去，这是让身心轻松自在的最好方法。

1. 有些人为什么得到越多，越不快乐?

有这样一个故事。故事中有位女青年在美国定居两年后回国，很焦虑，几乎夜夜失眠。

她说，在美国，有一种回到小时候，回到家的感觉，生活很规律。丈夫上班后，她打扫庭院，去上语言班，下午写作业，或者跟家人 FaceTime，或去社区附近跑步，晚上看书聊天洗澡睡觉。双休日和邻居逛当地人的市集，和朋友聚餐。大家从不拿房子、汽车、名牌说事，因为时差的缘故，她也不像从前那么依赖微信朋友圈。回国之后，她担心落后，也害怕不去交友会失去很多机会，回来第一件事情就是给自己列计划，见朋友、申报专业进修、双休日参加各种社群，就想赶上大家的节奏，虽然清单上的事情都完成了，但她却发现，自己的内心并没有满足感，也无快乐可言。

从出生开始，我们一直做着人生的加法。

三岁，想要父母买更多巧克力；六岁，想要床上摆满玩具公仔；十八岁，想要去喜欢的城市旅行；

二十五岁，想要更多包包、漂亮衣服；三十五岁，想要孩子足够听话，足够聪明；四十五岁，想要老公更多关心；

五十五岁，想要尝试更新的美容方法，永葆青春……

我们不断积累着知识、经验、金钱，更好的物质商品；但是在追逐，在不断获得的过程中，幸福感没有增加。比如说，打开塞满服饰的衣柜，几乎找不到一件可以穿的，转身又去“买买买”，但买回来两天，又不喜欢了；每次旅行结束没多久，又在策划下一个旅行，但每次回家，除了朋友圈里发的一堆照片，记不起有什么新鲜有趣的事情……那些获得，越来越像新衣服穿上身的感受，只有那么短短几分钟的幸福感。

2. 生活需要断舍离

庄子有言：“吾生也有涯，而知也无涯”，激励后人努力学习，珍惜光阴。但他还有下半句：“已有涯随无涯，怠已”，就是说，以有限的生命去追求无限的知识就是作死。每个人都想得到更多，获得更多认可，更多财富，更丰富的生活，但是在获得的同时，你也在充分燃烧自己，这让人活得很累，活得沮丧。当这样的生活让自己不开心时，是时候要“断舍离”了，试着走另外一条路。

所谓“断舍离”，就是透过整理物品了解自己，整理心中的混沌。换句话说，就是“利用收拾外界的杂物来整理内心的废物，让人生转而开心”的方法。

通过学习和实践断舍离，重新审视自己与物品的关系，改善心灵环境，从外在到内在，彻底焕然一新。

还有这样一个故事。美国有一个年轻人叫做约书亚·贝克尔，他拿 6 位数的薪水，掌管着 150 家店铺，22 岁就买了豪宅名车，还有一个美丽的妻子。很多人会向往这样的生活，但是他发现，自己的生活并不幸福。直到有一天，他舍掉昂贵的衣服、多余的器物。最后，家里 90% 的物品都被清理掉了，只剩下 288 件物品，成为生活必需品。重新审视生活后，想要什么，不想要什么，喜欢什么，不喜欢什么，他的意识变得十分清晰。

他小时候想当一名作家，却一直没时间拿起笔。现在他终于行动，两年后真的成了一名畅销作家。他说："丢弃生活中不重要的 90%，剩下的 10% 会让我们收获更多，第一次感觉到了富有。"

3. 心灵废物的四大清理法则

有人会说，我的加法还没有做够呢？凭什么要劝自己做减法？减法是那些已经获得了很多物质生活，走过很多路，有丰富人生阅历的人该做的事情，大多数人，不是更应该做做加法么？

其实，人生的各个阶段，都有自己的"断舍离"内容，越年轻，"断舍离"似乎更有必要，比如：

（1）清理占据你时间的项目

微信、朋友圈、App、游戏消耗我们太多的时间。时间被碎片化，我们的注意力也被碎片化了，我们变得容易焦躁、盲目、坐立不安或者进入半催眠的舒适状态。

（2）清理你的时间安排

看看每天时间安排都在哪里？跟谁见面，做了什么事情，也许是上班、睡觉、空想、闲聊、瞎忙，你的时间安排是怎么样的？去决定哪些事情是不需要做的，哪些事情可以去了断掉的，哪些人不再去接触。

（3）清理拖延的事宜

拖延有很大的代价，因为你会产生焦虑，产生心力耗损，你的脑子里会想着这件事情。你在消耗，这是很可怕的。所以最好的爱自己的方式是尽快地把这些拖延的问题处理掉。不要把该说的话、该表达的爱、爱追逐的梦想，像童年舍不得穿的新衣服一样珍藏起来。

（4）清理旧的关系

有一些人曾经是朋友、伴侣……但是跟这些人的关系里面，也许带着很多的内疚、遗憾、委屈、愤怒、伤心等等，有旧的、未完结的情绪。这些情绪会在我们的身体里面，投射在各个关系里面，投射在我们的工作中，或者在我们的亲密关系里，影响工作生活。如果善于领悟减法人生的真谛，就会将那些干扰我们心思的事情，一而再，再而三地从我们生命的“节目单”上减去、减去、再减去。

令“节目单”内容简明清晰，让那些比较能做好的事情，凸显出来，这样的人生，才是属于我们自己的快乐人生。

减少不必要的支出，增加睡后收入

生活美学 × 哲学

活得漂亮又轻松 + 多角度俯瞰

暂时收入：95% 以上的人赚的是暂时收入。（当工作的行为一旦终止，收入是不是会归零？如果答案为“是”的话，那你就是在赚暂时性收入。）

持续收入：持续收入是一种每个月钱会自己流进来的收入，它不会随着我们不再工作而停止。

工作不是为了赚钱或养老。年轻时努力工作，年老时要靠公司养老，靠公司照顾我们一辈子，这样的事在这个时代简直是天方夜谭，老板的任务是向我们提供薪水，让我们在公司学习、实现人生价值。至于如何致富，那是我们自己的事情了。财富不应该用生命赚取，我们应该是利用系统，让财富源源不绝地出现，学着用工具赚钱，而不是耗尽自己的生命来养家。

所谓资产，就是买了之后，还可以帮你生财，能把钱持续放进你口袋里的东西。而负债，就是用了就没了，只是把钱从你口袋里取走。房子如果是用来给自己住，就不能产生收入，但如果我们把房子拿去租，带来的租金在付了房贷后还有剩余，那房子就是资产了。因此我们必须不断地想，如何把原本的负债变成资产。

凡是不可持续的，就不值得羡慕！赚多少钱不重要，能赚多久才是最重要的。做一次生意，领一次报酬，还是领N次，你选择哪一种？

想想你目前的工作能帮自己带来几次报酬？你卖的东西是一生能用几次的？你今天找的客户，是不是明天还会来消费？很多种选择，事实上是可以让你多次获利的。

我们必须努力成为一个支配资源、建构系统的人，而不仅仅是公司里人力资源或系统的一部分。

爱因斯坦曾说过，复利，比原子弹更可怕！俯瞰力，就是你对人生的整个规划，如果你可以达到断舍离，你会做到资产配置的规划以及合理利用各种工具获得睡后收入。十年后的生活，其实现在就已经决定了。

舍弃内心的“贫穷”

经济上的贫穷，是一种物质上受限的感觉；可是，比其更可怕的，是心穷。心穷，就会让人智慧匮乏；智慧的匮乏，认知出现问题，这才是提升生命质量最大的敌人。

成功者之所以能够成功是有原因的，失败者失败同样是有原因的。事情的发展不仅取决于外界的环境，也取决你的心理环境。你的心理环境会影响你的思维模式、行为模式，进而会影响你获得的人生成果。

精致生活需要人们舍弃内心的贫穷。因为心理贫穷的人在内心深处没有获得支撑，面对任何事情都是畏首畏尾，并且从来不会相信自己，害怕被人拒绝，害怕去施展行动。精神上和心理上的贫瘠，使得他们只能在原地踏步。心理的贫穷，造就了行为的缺失，面对未来、面对成功，都没有能力去追求。心理贫穷发展到一定的程度，势必会出现极端的行为。远离贫穷的心理生活会有质的改变。

而造成心理“贫穷”通常有哪些原因呢?

1. 思维消极

思维是人脑对于客观事物本质和事物之间内在联系的认识，当你具有积极的思维的时候，你看到事物更多的是积极的一面，因为它会带动你具有更加积极的态度。反之当你具有消极思维的时候，你认识事物总是会钻牛角尖，这种情况下会面对更多的心理压力，并且没有去改变的动力。久而久之你的内心就会变得迷茫和无助。

2. 颓废堕落

随着社会的发展，人们的幸福感并没有随着物质的增加而增加，这是因为人们更多地陷入了一种颓废的生活，这样的生活会消磨人的意志，让你遇见一点困难就选择退缩。现在，很多人用“佛系”来掩饰自身的停滞和懒惰，不断为自己找借口，这样只会每况愈下。没有学习和知识的灌溉，每天停滞不前，没有前行的勇气，这样只会让你的内心防线一点一点瓦解，直到内心贫瘠，选择放弃。

3. 自我设限

自我设限就是自我在内心里给自己设立了一个高度，这个心理高度常常会暗示自己，遇到的所有事情都很难，自己根本不可能完成。自我设限是造成人们心理贫穷的主要因素，它的存在会阻碍你成功的脚步，在事情还没有开展之前，自己先否定了自己。你都不相信自己，又怎么会去实现成功呢？

4. 没有目标

无论是生活中或者是工作中，没有目标会让人感觉到迷茫，有时候甚至会不知所措。目标是指引一个人克服阻碍，勇敢前进的动力。当你失去目标之后，你就会像泄气的皮球，没有实现价值的失败感和空虚感将堆积在内心，因此你的心理承受能力会大打折扣。

PART 8 生钱的可持续发展

生钱的可持续发展

合格粉丝的积分都可以换星巴克了，

良好粉丝的积分都可以换家电了，

优秀粉丝的积分都可以换年费了，

卓越粉丝的积分都可以换机票了，

极致粉丝的积分都可以换戴森吸尘器了，

……

你是哪一档？

我先说一下不累积积分的：

某行信用卡章程或领用合约规定的各项利息和手续费用，包括但不限于信用卡年费、取现手续费、透支利息、违约金，以及其他信用卡收费等；信用卡转账、取现、存（还）款、代扣款、代缴费、贷方余额返还、手工压单交易；网上银行和电话银行支付等；低扣率或零扣率以及特殊类别的商户消费，包括但不限于房地产、汽车销售、批发类交易、公立医院、公立学校、初级和高等学校、政府服务、慈善和公共事业、非营利事业等行业的商户消费以及金融和政府类支付交易（如保险、罚款、投资、保释金、纳税等），以上信息将根据银联等相关机构的商户类型做出调整；收单机构根据中国银联等相关机构有关规范设置了特殊计费标识、优惠类及减免类或非标准计费的白名单的商户消费；通过第三方支付平台类商户刷卡的消费（目前也有活动可以报名，微信、支付宝、京东、唯品会自营的支付有积分，嫁接的第三方网络支付无积分，Apple Pay 是有积分的）；商户类别的 MCC 码（商户类别码）未在中国银联商户类别码中列明的商户消费；银联品牌信用卡通过境内线上交易的消费。

借记卡积分和信用卡积分有哪些区别呢？

下面，我先梳理一下借记卡及信用卡的不同。银行卡是信用卡、借记卡、贷记卡等银行发行的卡片的统称。

储蓄卡是银行为储户提供金融服务而发行的一种金融交易卡，属于借记卡的一种。它的主要功能是可以在联网

ATM 机和银行柜台存款、取款及在联网的 POS 机上进行消费。储蓄卡主要作用是储蓄存款，持卡人通过银行建立的电子支付网络和卡片所具有的磁条读入和人工密码输入，可实现刷卡消费、ATM 提现、转账、各类缴费，通过卡片进行的费用支出等于储蓄账户余额的减少。账户余额为零，该卡的支付作用也降为零。储蓄卡的申办十分简单，无须银行进行审批，一般可实现即办即取。

借记卡是指先存款后消费（或取现）没有透支功能的银行卡。按其功能的不同，可分为转帐卡（含储蓄卡）、专用卡及储值卡。借记卡是一种具有转账结算、存取现金、购物消费等功能的信用工具。借记卡不能透支。转账卡具有转账、存取现金和消费功能。专用卡是在特定区域、专用用途（百货、餐饮、娱乐行业以外的用途）使用的借记卡，具有转账、存取现金的功能。储值卡是银行根据持卡人要求将资金转至卡内储存，交易时直接从卡内扣款的预付钱包式借记卡。

信用卡，又叫贷记卡。是一种非现金交易付款的方式，是简单的信贷服务。信用卡由银行或信用卡公司依照用户的信用度与财力发给持卡人，持卡人持信用卡消费时无须支付现金，待账单日时再进行还款。

信用卡分为贷记卡和准贷记卡，贷记卡是指银行发行的、并给予持卡人一定信用额度、持卡人可在信用额度内先消费后还款的信用卡；准贷记卡是指银行发行的，持卡人按要求交存一定金额的备用金，当备用金账户余额不足支付时，可在规定的信用额度内透支的准贷记卡。所说的信用卡，一般单指贷记卡。

借记卡一般没有积分，不过 ×× 银行有的是理财的积分，叫尊享积分，每月 20 万是 1 分，可以换自助餐等。信用卡出现的都是交易积分，积分可以兑换星巴克、哈根达斯、Godiva 等餐饮，也可以兑换机票里程、家电、航空服务等。

举例子：×× 银行积分规则

兑换规则	每消费 1 元人民币累计 1 分（国航知音 × 银信用卡除外）；白金信用卡在中国境内（不含港、澳、台地区）交易每消费 1 元人民币累计 1 分，其余国家和地区每消费 1 元人民币累计 2 分等；部分信用卡 1 美元累计 7 分，14 日元累计 1 分；白金信用卡 1 美元累计 14 分等。
有效期	尊享积分及交易积分（白金信用卡、全民健身卡除外）以一年为累计期，累计的积分两年有效，每年 6 月 30 日将到期积分清零。

不计积分项目	文具、办公用品、复印纸和书写纸（批发商）；男女及儿童制服和服装（批发商）；公立医院等。
备注：白金信用卡积分长期有效，全民健身卡积分有效期为 5 年。新用户网络办卡、立享返现，刷 99 元返 50 元。扫码能办出来的是最好的，可是志愿者卡最好要线下办。	

××银行哪些卡值得一办？

免年费白金卡首当其冲，万事达世界卡等。大学毕业生可办卓隽卡或者志愿者卡；其他朋友可办理大湾卡。长城环球通自由行信用卡（银联卡）有单独返现活动。航空出行最适合办国航单币白（境外双倍积分，12:1 换里程，再送 0.5 倍）。钛金女士、都市缤纷卡，生日月双倍积分。ETC、爱驾汽车卡（银联卡），每月有 50 元返现。顶级卡当然值得，Visa 无限卡 0202/0201、美运私银卡 0206、万事达世界之极卡 0073。

我在同一家银行有 N 张信用卡，还款应该怎么还呢？我上次还款少还了 1 元钱怎么办？我在还款日忘记还款了怎么办？我想修改账单日可以吗？容时容差什么什么意思？全额罚息是什么操作？

如果你也有上面的疑问，请接着看。

全额罚息，是指超过最后还款期限之后，无论当月信用卡是否产生了部分还款，发卡行都会对持卡人当期账单的总额按照当前银行日常利率全额计息。哪怕只差 1 分钱，发卡行都要按照当期账单总额以规定的利率按月计算复利。目前只有工行采用的是“部分还款，剩余部分计息”的方式，其余银行全都采用“部分还款，全额计息”的方式。

容差是指银行为避免信用卡持卡人因“零头”未还而带来较高的罚息，把未还部分滚入下期账单中，不对其进行全额罚息。

容时是指银行为持卡人提供一定期限的还款宽限期服务，还款宽限期自还款日起一般为 3 天左右；持卡人在还款宽限期内还款时，应当视为持卡人按时还款。

容差 1 元的银行：中信银行。

容差 10 元的银行：中国银行、招商银行、浦发银行、建设银行、兴业银行、华夏银行、交通银行、民生银行、光大银行。

容差 100 元的银行：农业银行。

下面说说各行还款方式、账单日消费计算、宽限期以及账单日修改情况。

招行银行	还款方式：按户（还任意一卡即可） 账单日当天消费：下期账单 宽限期：3 天 账单日修改：允许半年修改一次
工商银行	还款方式：按卡（每张卡单独还款） 账单日当天消费：下期账单 宽限期：无 账单日修改：允许每年修改一次
农业银行	还款方式：按卡 账单日当天消费：本期账单 宽限期：2 天 账单日修改：不允许
建设银行	还款方式：按卡 账单日当天消费：本期账单 宽限期：3 天（7：00 之前） 账单日修改：允许每年修改一次
中国银行	还款方式：按卡 账单日当天消费：下期账单 宽限期：3 天（白金卡 9 天） 账单日修改：允许每年修改一次
交通银行	还款方式：按卡 账单日当天消费：下期账单 宽限期：3 天（21：00 前） 账单日修改：卡片有效期内允许修改一次
邮储银行	还款方式：按卡 账单日当天消费：本期账单 宽限期：4 天（17：00 前） 账单日修改：允许每年修改一次

广发银行	还款方式：按卡 账单日当天消费：线上消费算本期账单，线下消费算下期账单。 宽限期：3 天（20：00 前，每年一次机会，需要提前申请） 账单日修改：仅允许收年费的白金卡更改
中信银行	还款方式：按卡 账单日当天消费：本期账单 宽限期：3 天 账单日修改：允许半年修改一次
民生银行	还款方式：按户 账单日当天消费：本期账单 宽限期：3 天 账单日修改：允许每年修改一次
浦发银行	还款方式：按户 账单日当天消费：本期账单 宽限期：3 天（20：00 前） 账单日修改：允许每年修改一次
光大银行	还款方式：按卡 账单日当天消费：本期账单 宽限期：3 天（12：00 前） 账单日修改：允许 2 个月修改一次
平安银行	还款方式：按户 账单日当天消费：下期账单 宽限期：3 天（12：00 前） 账单日修改：允许半年修改一次
华夏银行	还款方式：按户 账单日当天消费：本期账单 宽限期：3 天（19：00 前） 账单日修改：允许每年修改一次

花旗银行	还款方式：按卡 账单日当天消费：本期账单 宽限期：3天（12：00前） 账单日修改：不支持
北京银行	还款方式：按户 账单日当天消费：本期账单 宽限期：2天 账单日修改：不支持
上海银行	还款方式：按户 账单日当天消费：本期账单 宽限期：3天 账单日修改：允许每年修改一次

上面大部分银行微信、支付宝支付都没算积分，而且也无法做到微信、支付宝余额还款到信用卡后能通过手机银行转出，因此大家可以选择适合自己、性价比最高的卡。我在此列出如此客观公正公平公开的表格，大家一目了然。而积分就是可持续发展的钱。

有一种穷人思维是不让别人赚差价

现在我们常常提到富人思维和穷人思维。

所谓穷人思维是指与富人不同的对待事物的态度和思维方式，主要表现为不上进、不善思、鼠目寸光，只看眼前利益，不懂得感恩和互赢，其不是说穷人脑子里拥有的思维。有这种思维的人需要不断改进自己的思想，尤其是改变自己的思维方式，以便学习富人的思维最终也能变为富人。

最近我就在网络上看到这样的一个故事。这些年，代购市场如火如荼，人们都想要代购买一些物美价廉的商品。可在一些人眼中，好像代购就是剪刀差、吸血鬼，通过差价挣顾客的钱。故事讲述了一个叫小许的姑娘，她做香港代购，她有一个永远“价比三家”的同学。

这个同学最初也会找小许代购。但是，她买东西前永远拿别人的低价来谈。一盒面膜朋友代购价 298，这位同学说某某店只要 278，能不能这个价帮我带一盒。小许感叹：“我是小代购，买不到这个价，你说的是皇冠店，拿货量大有折扣。”可对方根本不理会，觉得同学不给全行业最低价，就是昧着良心挣钱。

我身边也有朋友在开学季请同学在中国香港代购电脑或者 iPad。每到开学季，香港的学生在购买电子产品时会有一个学生教育优惠，还有好的礼品可以拿。但是在代购回内地时，如果拆掉包装更容易携带。可这时想要代购的朋友就不乐意了：“我在内地专卖店买，只有全封才能保证真的是全新的。而且拆掉包装万一路上运输有所磕碰谁来负责呢。这也是花了大价钱购买的。”朋友就非得要这个盒子，还说，网上代购某某店就可以全新包封好了的，吐槽朋友的代购服务怎么如此差。朋友到那个店里一看，不仅比自己贵 300 元不说，而且包装也是要另加价的。此外，也不包括店里可赠送的礼品。

所以一直有人说熟人的生意难做，如果几次合作不愉快，那么一段友谊也基本告吹。

其实，任何行业，失去利润的服务都会打折。

如果人们总以穷人思维去算计别人的块儿八毛利润，输了姿态，折了情谊，更可能会享受不到好的服务。即便是同学、朋友、亲戚，也要将钱和情分开相处，别总想着卖面子，不论什么感情都不可能永远靠面子合作。让别人赚钱，是对待感情的最好修养；让别人赚点钱，可以让感情更坚固，让彼此更有尊严。现代社会是一个商业社会，我们早已超越了物物交换的原始阶段，而迈向现金—电子交换复合发展的时代。在这个社会里，商业的链条异常复杂，即使你只想买张桌子，也必然经过多道的交易程序。

在这个过程中，你有机会赚钱，别人也有机会赚钱。而能做到 1+1>2，要比一方永远赚钱、一方永远亏损的零和博弈更持久，也更高效。自己赚钱就开心，别人赚钱就不开心，说到底这是一种穷人思维，只能看到既有蛋糕的分割，而看不到可以一起努力把蛋糕做大。一定要让别人赚到钱，这才是正常的商业逻辑，也是基本的商业思维。而越是能赚钱的人，越是懂得这个道理。

据了解，2016年底，李嘉诚以358亿港元卖掉香港中环中心物业，第三方中介房产经纪人收佣金超7亿元，几百亿的交易额，李嘉诚照样给齐佣金。李嘉诚曾说："守行规才能走得远，才能挣大钱。你想要从别人那儿得到你想要的，就要把别人想要的给予别人，这样才能达到目的。"一个大气之人才能成就大事，李嘉诚这一生成在眼光，赢在大格局。

让别人赚钱，是对行业乃至社会规则的尊重。若不讲规则，只看重眼前的可得利益，路只会越走越窄。唯有规矩做事，才能走得更远。

最近这半年，有两个行业，成了众矢之的，一是房屋中介，二是药厂。前段时间一线城市房租猛涨，很多人把矛头指向了中介。这其中，有血淋淋的资本扩张，有黑心的骗子，这些人无论怎么抨击都不为过。不过，也不能像有些人那样将中介一棒子打死，好像中间商赚差价就是一个天然的毒瘤，一切中间人都是素质低劣，品质败坏。就像买二手房的客户，很多人觉得中介不就提供个信息、带我看个房吗？凭什么收这么多钱？太坑人了。更有亲朋好友觉得，你的信息应该免费给大家用，互通有无最好。可是公允地说，中介这个行业就是赚取信息交流费的，他们有能力帮我们成功买到想要的东西。再说，中介公司的很多费用客户并不了解，比如一手信息费、销售人员提成、办证人员工资、各网站的广告费用等等。所以，对于那些吸干年轻人血液的黑心中间商，我坚决反对，但是对于中介这个行业，我还是抱着理解。只要有交易，就会有环节，只要有环节，就需要给予相应报酬，只要在合理范围内，就是一个商业社会的必备。

资本就是天使与魔鬼的共体，你不节制它，它就无限制地赚钱，直到把其他人榨干为止；但是你若控制好它，它能创造许多奇迹。让别人赚钱，是长远生存和共赢的基础，只有让专业的人赚钱，他们才会为我们提供更先进的技术和更专业的产品，乃到更安全的保障。

总害怕被别人赚去钱的人，永远赚不到别人的钱。只有以开放和包容的心态看待别人赚取合理的利润，先予后取，才能得到我们想要的结果。

让辛苦的人赚钱，他们可以生活得更好；

让懂行的人赚钱，他们可以给我们提供更完善的服务，也让我们少走弯路；

让专业的人赚钱，他们可以专注研发，让大家生活得更好。

这个世界上，一切财富都是流动的，我们的心胸和视野才是获取一切财富的源泉。花该花的钱，赚该得的钱。有时候，多给一点，是为自己的财富播种。人这一生，就是不停地为自己布施铺路，有播种才会有收获。

让别人赚钱，是给彼此多条路。

穷？那你就撸起袖子加油干，脱贫呀！

为什么现在好多年轻人都这么“丧”？

随着市场的不断开放，未来的市场，将出现大量充满财富的机会，也许又将出现一大批亿万富翁，同时也可能出现很多人将面临倒下。而绝大多数人失败，都是因为“死”在这七句话里，你“死”在哪句?

一、认为对方骗人。

不去认真了解，直接下定论。有人在考虑事情中会一锤子砸死，导致丧失机会。要仔细想一下，别人能骗你什么呢?骗财还是骗色呢? 最坏的又是什么结果呢?

二、迟疑。

思想斗争时间很长，迟迟不下决定，把新闻熬成了历史。这和我们买衣服一样，今天看了一件衣服感觉很漂亮，想要买，但是嫌贵迟疑了，过几天衣服却没有了，或者已经失去了购买的欲望。因此，趁热打铁是非常重要的。

三、不断研究。

这里指的“研究”其实是纸上谈兵。人们饶有兴致地从学术方面研究其理论，阐述其观点，但不去实践。这样，一个再好的思想，到最后也是思想，成不了实际。此外，研究也会把自己搞复杂，成功者更是在确定好一个主意、一个项目直接去做去实施的人，这样的人心思不会过于缜密，不会犹豫不决。

四、问错人。

询问不懂行的人，想做服装却去问开宠物店的人，他会叫你开宠物店好了；询问在同行中生意没做成功的人，开服装店去问曾经倒闭过的人。问这些人不如去问同行业内或者对此行业特别了解的成功的人，做成功赚到了钱的人。

五、别人说。

我们在迟疑时往往会有一个借口——别人说。“别人说”的真那么重要吗？某某人结婚两天就离婚了，我看你就别结婚了！某某人吃饭噎到了，我看你就别吃饭了，免得被噎到。其实，别人说的话不是说，我们全部当作耳旁风，而是要有选择有针对性地吸取，不能因为他人的三言两语、冷嘲热讽而放弃自己想要做的事情。

六、有难度。

商业机会都是早期比较赚钱，因为很多人不知道，这时也伴随着一些难度。但等很多人知道了，只要你踏实努力做下去，你已经出人头地了！觉得有难度，做都没做，想就把自己想“死”了。

七、这个和那个差不多。

其实商品或者项目中类似的东西有很多，但你要看到本质的不同。会发现商机的人正是看到相同表面内核却不同的商机，于是深入挖掘，寻找成功。

为什么穷人很难成功？一句话，骂醒千万人：“很多人都抱怨我穷，我没钱，想做生意又找不到资金。”我却认为这是多么的可笑！其实在每个人身上都有着一座金山（无形资产），只是你不敢承认。宁可埋没也不敢利用。有的人宁可委委屈屈地帮人打工，把你的资产双手拱让给了你的老板。我们试想一下，有谁生下来上天就会送给他一大堆金钱的？

因为安于现状。

因为你没有勇气，不敢另择它路，所以你是打工仔。因为你没有勇往直前，没有超越自我的精神。你想过改变你的生活，改变你穷困的命运，但是你没有大胆去做。

因为你不敢做。

你害怕输，你害怕输得一穷再穷。你最后不敢想，还是在打工，所以你还是打工仔。你努力了，你拼搏了，你抱着雄心大志，结果你没看到预想的成就。你放弃了。你只还是一个打工仔。为什么你一直是打工仔？

因为随波逐流。

近墨者黑，不思上进，分钱没得，死爱闹热，所以你一直是打工仔。

因为畏惧父母。

你听信你的亲戚，你没有主张，你不敢一个人做决定。所以，你只不过还是一直是一个打工仔。观念传统，只想打工赚点钱结婚生子，然后生病老死，走你父母一模一样的路。你天生脆弱、脑筋迟钝只想做按部就班的工作，你想做无本的生意，你想坐在家里等天上掉陷饼，所以你一直是一个打工仔。你抱怨没有机遇，机遇来到你身边的时候你又抓不住。

因为你不会抓。

所以你还是一直是打工仔。有时，你又会因为你的贫穷，所以自卑。你退缩了。你什么都不敢做？你只会给别人打工，所以你一直是打工仔。你没有特别技能，你只有使蛮力。

很多人想把握机会，要做一件事情，但往往给自己找了很多理由让自己一直处于矛盾之中，不断浪费时间，虚度时光。他们也往往会有这些借口：

一、我没有口才——错。

没有人天生就会说话，台上的演讲大师也不是一下子就能出口成章。骂人的时候很擅长，抱怨的时候也很擅长，这也是口才，只是没有任何营养罢了，那是没有价值的口才；看别人争论的时，自己满嘴评头论足，却不反省自己，倘若你做得好，你今天是否还说自己没口才？

二、我没有钱——错。

不是没有钱，而是没有赚钱的脑袋，工作几年了没有钱么，有了，但是花掉了，花在没有回报的事情上面，吃喝玩乐，或存放贬值了，没有实现最大化，所以钱就这样入不敷出，这样月光光，被生活所需全部一一使用，这样周而复始，每月做个月光族，没有远虑，“当一天和尚敲一天钟”，得过且过。

三、我没有能力——错。

不给自己机会去锻炼，又有谁一出生就有跑的能力、跳的能力？一毕业就是社会精英，一创业就马上成功，当别人很努力地学习，很努力地积累，努力地找方法，而他每天就做了很少一点就觉得乏味，学了一些就觉得没意思，看了一些就不想看，跟自己跟别人说没兴趣学，然后半辈子过去，一事无成，然后抱怨上天不给机会。能力是努力修来的，不努力想有能力，天才都会成蠢材，但努力，再笨的人也能成精英。

四、我没有时间——错。

时间很多，但浪费的也很多，别人很充实，他在看电视、别人在努力学习时，他在游戏消遣虚度，总之时间就是觉得很多余，他过得越来越无聊，别人赚钱了羡慕别人，但不去学别人好好把握时间创造价值，整天不学无术。

五、我没有心情——错。

心情好的时候去游玩，心情不好的时候在家喝闷酒；心情好的时候去逛街，心情不好的时候玩游戏；心情好的时候去享受，心情不好的时候就睡大觉……好坏心情都一样，反正就是不做正事。

六、我没有兴趣——错。

兴趣是什么，吃喝玩乐谁都会，没有成就哪里来的尽兴，出去旅游回来月光族，出去 K 歌回头钱包空空，出去大量购物回来惨兮兮。打工有没有兴趣，挤公车有没有兴趣？上班签到下班打卡有没有兴趣？钱有没有兴趣？要还钱没钱还有没有兴趣？……

七、我没有考虑——错。

考虑做吧，有可能就成了！不做吧，好不甘心，整天上班也没有个头，还是做吧，明天开始，不过还是算了，再想想，这钱挣得也不容易，不不，就是打工挣钱也不容易，所以不能放弃机会，决定了，把握机会。哎呀！天都黑了，明天再说吧！然后第二天又因为以上一、二、三、四、五、六点，因为左思右想，继续循环，最终不能决定，犹犹豫豫，还是一无所获。

有句话是，可怜之人必有可恨之处。这一生中不是没有机遇，而是没有争取与把握，借口太多，理由太多……

争取之人必竭力争取，一分钱都没有也千方百计想办法，不争取之人给一百万也动不起来，发不了财，还有可能一败涂地，这就是行动上的欠缺，喜欢犹豫不决，喜欢拖延，喜欢半途而废，最后一辈子平庸，庸碌无为。还有的人，做事三分钟热度，一开始热情高涨，等会就继续懒散，这种人成功的帽子也不会在你的头上。

看看为什么别人身价几个亿，你自己还在为钱奔波？不要羡慕别人命好，别人很困难的时候是怎么挺过来的，怎么克服困难、突破自己、改变命运的，你没看到罢了。活着就是要体现自身价值。

PART 9 探索时间银行

精致生活不止当下，还包括我们的养老生活。那如何过精致的养老生活呢?

首先我觉得养老应该是有亲情维系的状态。

亲情，永远最重要。

亲情是一脉相承的血，是兄弟姐妹的根，是一个家庭的本。亲人间要包容，才能减少矛盾，亲情才能根深蒂固；亲人间要善待，才能减少伤害，家庭才能美满幸福；亲人间要帮助，才能和睦幸福！家和才能万事兴，养老要有儿女子孙的祝福。

近年来，在提到养老时有些人会提到一个概念——时间银行。时间银行的倡导者是美国人埃德加·卡恩。据了解，1980年，卡恩46岁，却经历了一次大面积心肌梗塞，这次经历让他对生活有了重新的理解，他的生活方向也由此改变。他倡导的所谓时间银行，是指志愿者将参与公益服务的时间存进时间银行，当自己遭遇困难时就可以从中支取“被服务时间”。我国的南宁、南京、重庆、成都等城市也零星出现了这种模式。目前，时间银行主要是依托于居民小区，重点的服务对象是老人。

在我眼中，我认为其实这是一种爱心循环，助人自助的精神。

精致的养老生活除了财富自由之后，还可以做到精神自由、生活自由等，其中这里的自由不是你想做什么就可以做什么，而是你不想做什么就可以不做什么。比如某志愿者服务中心跟踪的一位孤寡老人，陪伴他足足7年，然后让他自然老去离开，并留下与小志愿者下象棋、与志愿者大伙一起庆祝生日，再去饭店聚餐，一起爬山等美好的回忆。在有限的时间里，获得了珍贵的回忆，我相信那一位老人也是带着世间对他的爱去了天堂。

有信仰的人会觉得因果循环，或者是上帝赐予，志愿者就是奉行助人自助的理论，一直活好自己，然后帮助别人。在打卡这些志愿者活动的时候，我们也可积累一大波爱心时间，而这些时间将帮助我们在退休的时候，可去免费爬山、泡温泉等等。一些文旅方面的回馈，对于志愿者来说也是一种崇高的敬意。旅游自由也是一种精致吧。我觉得我以后的养老生活应该是还会继续做志愿者，力所能及地去帮助别人，或者就写一本老人游记，科普一些适合老人去游玩的景点和攻略，做一个老顽童，一直精致，一直随心所欲。

其实，将“时间银行”与养老服务挂钩在瑞士较为流行。人们只要抽出时间去照顾老人，看护的时长就可以存入“银行”，等到自己年老需要照顾时再“取出”，享受同等时长的免费养老服务。在了解“时间银行”时，我读到这样一个故事：

瑞士的退休养老金是很丰厚的，足以让人在晚年过上衣食无忧的生活。但令我不解的是，克里斯蒂娜居然找了一份“工作”——照顾一位82岁高龄的老教授。

我问她，是不是因为钱才去工作的？她的回答让我十分意外——“我去工作并不是为了钱，而是把我的时间存进‘时间银行’，等到我老得不能动了，就可以支取了。”

第一次听说“时间银行”这个概念，我按捺不住心中的好奇，不断向房东追问。听完她的简述，我真是大开眼界。

“时间银行”是由瑞士联邦社会保险部开发的一个养老项目——人们把年轻时照顾老人的时间存起来，等将来自己老了、病了或需要人照顾时，再拿出来使用。申请者必须身体健康、善于沟通、充满爱心，每天有充裕的时间去照顾需要帮助的老人，其服务时数将会存入社会保险系统的个人账户内。

克里斯蒂娜照顾的老教授叫利萨。她每周去利萨家两次，每次两个小时，帮老人做些整理房间、推老人出去日光浴、帮老人到超市购物、陪老人聊天等事情。按照协议，克里斯蒂娜的工作期限是一年。一年后，“时间银行”会将克里斯蒂娜的工作时数统计出来，并发给她一张“时间银行卡”；当她需要别人照顾时，可以凭借“时间银行卡”去“时间银行”支取“时间和时间利息”。届时，“时间银行”的工作人员在验证过“时间银行卡”的信息后，会指派义工到医院或她家中去照顾她。如果她在去世前没有使用完“时间银行卡”中的“时间”，“时间银行”会把这些小时数折合成一定的金钱或物质奖励给她的遗产继承人。

有一段时间，克里斯蒂娜特别忙碌，而要到利萨家去时更是神采飞扬。每次回来后，她都会跟我讲一些她和利萨在一起的经历，从语气中我能感受到她的愉悦心情。就这样，克里斯蒂娜一做就是一年。我以为一年下来她会结束这份工作，她却向“时间银行”提出再干一年的申请。

一天，我正在学校图书馆看书，突然接到她的电话，说她从楼梯上摔了下来。我匆忙赶回住处，将她送进医院。正在我筹划该如何护理她时，克里斯蒂娜告诉我不用担心，她已经向“时间银行”提出了支取申请。果然，不到两个小时，“时间银行”的工作人员就给她安排了一位护工——22岁的姑娘维基。随后几天，维基每天都来照顾她，给她做可口的饭菜，陪她聊天。在维基的精心照顾下，克里斯蒂娜很快恢复了健康。

起初我还对“时间银行”的效用有所怀疑，但经历这件事后，我彻底信服了，并且也想投身于“时间银行”的工作中。克里斯蒂娜知道我的心思后，就带着我向社区“时间银行”提出申请。其负责人详细地向我讲解了“时间银行”的宗旨：用自己支付的时间换取别人的帮助，而银行是时间流通的桥梁。一周后，我收到“时间银行”的回复，并且接到了第一份任务——帮助一对瑞士夫妇欧仁和莉莉娅学习中文。这对夫妇十分幽默，跟他们相处与其说是工作，不如说是在放松心情。由此，我也理解了当初克里斯蒂娜对“时间银行”的工作如此积极的原因。

通过做“时间银行”安排的工作，我的课余生活丰富起来，也认识了许多伙伴。他们当中有和我一样的年轻人，也有老年人。我发现，这里的老年人能和年轻人打成一片，看上去非常有活力。

“时间银行”每年都会召集参与者举行一次大派对，参加派对的老年人时而唱歌，时而跳舞，玩得不亦乐乎。“时间银行”在改善他们晚年生活的同时，也在他们的晚年生活中注入了年轻的活力。

2015 年 5 月，我回到中国探亲，看到老年人不是跳广场舞就是打牌，晚年精神生活十分匮乏，与瑞士老人形成了鲜明对比。当前，中国“空巢老人”的数量在不断增长，正逐渐成为一个社会问题，瑞士的“时间银行”对我们或许是一个很好的借鉴。

这种养老方式真的太好了，既能丰富我们老年人的生活，还能减轻子女负担，为养老解除后顾之忧，不知道我们生活的城市以后是否也有这样的“时间银行”。然而，有媒体也报道说，目前这种既不依赖子女又减轻国家负担的方式颇受追捧，然而，现实情况或许难以如预想的那么美妙。

据了解，在我国，“时间银行”还没有形成规模，发展也面临重重困难。实践时间银行的地区只有零星几个，而且“各自为政”，“账户”无法通存通兑。这意味着服务者一旦搬家，“存折”就沦为空头支票，而这正是各个国家和地区时间银行的通病。通过时间银行养老，本质上是一种民间互助的循环服务模式，这对社会资本提出了很高的要求。如果人们缺乏义务感和认同感，人际关系淡漠疏远，社会资本匮乏，组织集体行动就会十分困难，而时间银行着眼于十几年甚至几十年后的未来，这更加挑战人们对社会的信任。

此外，“华尔街见闻”网站专栏文章指出：“国家想要照顾年长者，应该多多考虑他们的基本生活开销及医疗支出的问题。思考如何增加老人收入、促进老人健康、增进老人能力、创造老人宜居的环境，才是问题的重中之重。”

不过在我眼中，生活在一个充满爱的养老社区，即便老龄化严重都不害怕呢，因为会有一种幸福感和安全感。在我做志愿者的社区中，就有很多热心的老年志愿者。在与他们的接触中，我看到他们并不是因为金钱而长期服务于社区，是真正的热爱以及对公益事业有着不懈的热情。他们的爱心让社区春意满满。

PART 10
财富自由　精神自由

为何年轻人这么丧？真的是因为穷吗？其实是因为财商还未完备。

过上自己想要的生活

我们追求的财富自由是什么呢？当你不工作的时候，也不必为金钱发愁，因为你拥有了工资之外的现金收入。当工作不再是获得金钱的唯一手段时，你便开始自由。你可以有适当的金钱、时间去做自己真正想做的事情。就如德国顶级理财大师博多·舍费尔所说：“金钱应该为我们提供这样一种可能性，一种我们可以过上自己想要的生活的可能性。”

近年来，人们都在讨论财富自由这个问题。但每个人对财富自由的标准不一样，有人从一些最基本的需求开始出发，借鉴围棋的段位创作了个九段标准：

段 位	何种自由	标 准
初 段	菜场自由	在菜场只要自己愿意买哪种菜就买哪种菜，不看菜的价格。
二 段	饭店自由	在饭店吃饭只要自己愿意去哪个饭店就去哪个饭店，不看饭店的价格。
三 段	旅游自由	只要自己愿意去哪里旅游就去哪里，不看旅游的价格
四 段	汽车自由	只要自己愿意选择买什么车就买什么车，不看车子的价格。
五段	学校自由	只要自己愿意选择什么学校就读就选择什么学校（这主要可能是为子女），不看学校的学费高低及其他成本。

六段	工作自由	只要自己愿意选择什么工作就选择什么工作，没有这个工作就自己创造一个这样的岗位，不计较这个工作是否能赚钱。
七段	看病自由	只要能看好病不计较医疗费的高低。
八段	房子自由	只要自己愿意买什么房子就买什么房子，不计较房价的高低。
九段	公益自由	自己愿意选择在哪个公益组织做志愿者，不计较付出的时间或金钱的高低。

而财富自由的标准其实并不高，概括有几条：

第一，不必为钱而工作。

第二，保持财产性收入的净现金流入。

除了工资收入外，财产性收入是达到财富自由一个很重要的指标。即保证不工作的时候也有净现金流入。财产性收入可以来自：房租、股票红利、债券利息等等。

第三，需要保有一定量的净资产。

最后，保有一颗平常和自由的心。一个真正的“财富自由人”应该是，一个既有钱，又有闲，保持了一颗平常自由心的人。钱不一定能使人自由；但没钱，一定不自由。若要达到财富自由，既要身往之，还要心往之。

你不必为衣食的节俭而感到羞愧，因为你不需要用大腹便便来证明你的富有；你不必炫耀你的财富而得到尊重，因为你的人格已足以赢得尊重；你的财富只为让你所爱的人和爱你的人过上舒适（不是奢华）和有尊严的生活。这样，财富才能使你达到真正的心灵自由。

志愿者光荣

2018 年的五四青年节，刚好我负责志愿者业务超过一年了，这一年认识了很多优秀的志愿者前辈，融入社会各处，上了好多堂志愿者课，一路上也遇到了很多人说我在作秀，还有人说我其实是想借各种理由推广志愿者证或者就是其实在为社会添乱之类的。还好，越是听到了各种真实的声音，我更要去科普志愿者。

/ 参加康迪学校“六一”活动

/ 前往党员教育基地参观

/ 志愿驿站禁毒宣传日

/ 志愿者社团共建，爱心餐厅乐助公益

/ 参与花城广场驿站
星期五爱心午餐的活动

/ 参与千人公益社团乐助公益关爱外宿者活动

/ 与优秀五星级志愿者曾健华前辈合影

/ 参加孤独症儿童的陪跑志愿者活动

/Hello 啊派公益宠物绝育活动

/ 去学校，去社区，去各种社团中宣传推广活动

/ 融入社区家庭亲子社区活动做志愿者宣传

途中很多人误以为我是推广办理信用卡的，其实不是的，只是因为志愿者卡里面的信用卡内容，真的很优惠啊。每笔消费都有捐款，还会帮志愿者买保险，让大家做好人都不会觉得担惊受怕，而且爱心积分可以捐助听器，存到的公益时间去旅游、泡温泉，都可以免费。

广府花市志愿者、春运志愿者、广交会志愿者……我都深入了好多学校宣讲，比如市16中、市一中、广东工业大学等。幼儿园、初中、高中、大学都有差不多10万的志愿者加入这个大家庭。

做志愿者呢，最重要就是有心、有行动。一些人什么都未体验就开始抨击，这是不科学的，还有很多图片我还未放上来。就像一个人的朋友圈不代表一切，不是没有发就没有做，做了也不一定要发。勿忘初心，志愿者帮人，是润物细无声地去帮，重点是受助对象需要的，而不是你想给予的。建议大家都去亲身体验。其实也不一定要参加活动，也没有你们想象中那么难。但是一定要坚持，你也可以像一些人那样，随手帮助有需要的人。

/ 参加志愿者活动

最后用驿站的志愿者们今天清理卫生死角的照片来结束这一节。不要问这些志愿者年龄几岁，做志愿者的，义路同行，永远年轻。我不知道谁需要帮助，但总有人需要帮助；如果问年少轻狂的梦想是什么，我的心愿是——世界和平。

我目前在做的志愿者是心助者，因为工作繁忙不再允许我花很多时间在身体力行的志愿者活动中，但我可以利用碎片时间，帮助一些求助心理咨询的人，这个也是我会为此再出一本书写心路历程的主题。

看到此书的各位有缘人，期待我们相遇的那一天，而今天，你会为我手动点个赞。

在一个财务管理学习笔记中看到这样一句话："富裕的两个特征是物质自由与精神自由。"虽只是短短的一句话，却抓住了富裕的本质特征，富含人生哲理，读后让人回味。

何为物质自由？这决非仅仅是衣食富足那么简单。依个人拙见，所谓物质自由，可能就是支配钱财的自由度更大，可以不受"量"的限制，不必担心"赤字"的出现。而精神自由，可泛指身心的愉悦、对精神文化生活的满足程度、家庭及人际社会关系等除物质以外的一切内涵及外延。

本书所传达的金钱整理实践经验，包括优惠、懒人理财、积分兑换等，都是先满足了物质自由，当你的生活开支都通过以上办法所满足的时候，你开始有时间关注自己的兴趣爱好，去阅读，去分享，去帮助，这个时候才是精神自由的开始，如果你一直都不整理好自己的生活，自己的钱包，你将受物质的束缚，很难再有心思关心自己的精神世界，然后陷入死循环，我想传达的就是想把这一种追求，落实到行动，每一个经过我帮他做生活设计的人，都感受到了精致生活对他带来的善意，然后不断分享给身边的人，一起提高了生活品质。吸引力法则，当你的身边都是充满爱心的人，你也会变得越来越美丽，所以，看到这里，你还觉得精致生活一定要花钱吗？

加入精致生活大家庭

这次出版我进行了一个留言征集活动，很多加入精致生活家庭的朋友们纷纷留言。从他们的生活中，我们确实看到，很多人都是在不断改善更加精致。他们之中，有我的师长、朋友、商业客户，有朋友的朋友、偶尔认识的朋友，有认识的志愿者们……了解他们的精致生活感受，我也非常欢迎你们随时加入这个大家庭哟。

侨中校友

从初中认识至今，她身上总闪着特有的光芒，美丽、善良、自强、友爱。读书时热心学生事务，毕业后热心社会公益，用一句话形容：这是位精致的女性！我为她的出书感到高兴和骄傲，也祝她的生活越来越精致、幸福！

以前我觉得吃饭、买东西付钱，只要方便就行完全不会思考去节省钱，总觉得省不了多少钱还浪费精力时间，理财意识近乎为零，刷信用卡从来只懂透支，不知道怎样从它的各种活动中获利、省钱。直到信用卡债越刷越多，又进了各个群组，看到大家的理财、变美等分享，耳濡目染下发现，当正确意识形成了，钱用得其所。不会多花冤枉钱的时候，原来既可以不用超额消费，还不会降低生活质量。不禁回想起自己以前幼稚的行径，于是渐渐形成一种习惯在决定每一笔消费之前都会看看有什么优惠途径可寻，毕竟东西质量是一样的，比别人花多了钱买同样的东西真的很蠢。

所以很感谢师姐颠覆了我的理财意识和生活态度。得知即将出书，心生佩服，一定是多年来通过身体力行得出深刻经验的心血之作，出版后一定尽力支持，也会努力安利身边的小伙伴不再做被卡债支配的月光族。希望通过此书大家都可以从中汲取营养，在广州这个一线城市也能过上精致生活，提前祝贺新书大卖！

关泳飘　侨中校友　弓夫创始人

认识这位社交狂人师妹，刷新了我对社交圈的理解。一个人的力量，是可以非常强大。大众点评上的8级大V，某天来了门店消费之后，发现原来是高中的师妹，同时也在运营几十个500人群，还在银行工作，那她的一天到底有多少小时?

来聚财是她在银行执行的一个项目，我们门店也加入了来聚财。加入后，顾客只要有××银行的银行卡，在我们门店消费就可以立减5—10元不等。积少成多，每次消费如果都能减5—10元，这是多大的福利啊！而商家则可以得到相应的补贴，商家不亏钱之余，顾客省钱，客流自然就上来了。

此外，她还成立了强大的商家联盟，××银行储蓄卡消费最低可到五折，生活在广州，用××银行储蓄卡，无论吃、喝、玩、乐全覆盖，去五折的店消费。一样的收入，不一样的生活质量，这是我对××银行储蓄卡福利的理解。

逢　初中师妹　摄影爱好者

100 分师姐。印象最深就是初中那会儿跟你在公交车上的交谈。刚认识得知你兴趣爱好十分广泛，广泛到我简直无法想象，想跟你聊啥都行。你是我遇见过最爱折腾的人，总觉得你的一天有 48 个小时，而且天天积极爆棚，也会偶有的情绪，适当的宣泄，活得特别的真实。

高中师妹

高中时代师姐就一直是我们的模范生，各种积极向上正能量源源不断，有着元气满满的大姐风范。人一生会遇到很多朋友，一些朋友是陪你吃喝玩乐，而一些朋友永远都会让你发现生活并更加热爱生活，这就是我认识的师姐。

如果不是拥有强大的行动力，就无法一直抵着逆浪前行！

如果不是拥有强大的凝聚力，就无法集结不同届的校友！

如果不是拥有强大的意志力，就无法做到自己想做的事！

祝学姐出书卖脱销！ヾ(ˆДˆ*)/

牛奶店小老板 大学同学

最佩服的大学女同学。明明可以靠颜值，却偏偏靠努力和才华让大家折服。

读书时考双学位，还能周末参加各种活动会议，毕业后一直在金融行业，还能组织各种同学朋友搞聚会，教大家使用好信用卡的各种优惠，五折活动。我也是她的信用卡受益者很大的一个人，配合她教的方法，我不仅省了一些开销的钱，而且卡额度也涨得很快，从1万元，涨到5万元，再涨到10万元，在我做生意需要资金周转的时候帮我很多。（其他行的信用卡我也有，可是额度涨得最快的还是××银行，而且我那张单没有年费都有好高的额度。我爸也有一张十几万的信用卡，金融方面我们都觉得她是服务最好，很专业又全面的。）

她积极乐观，正义感很强，善良，经常参加志愿者活动，勤劳勇敢，正能量满满的女生，感情还特专一，她是1992年的姑娘，想到自己还要大她一岁多，自愧不如，比我们有才还比我们努力，是一个很值得我们学习的人。

大学师妹

我是在金牌面试的舞台上第一次见识师姐的魅力，她的胆识、淡定自如、大方自信。我特别欣赏师姐为人处世的态度，既有原则立场又不失体面，这是我需要学习的。

毕业一年后我就开始用信用卡，但理财意识薄弱，导致透支了不少未来钱，而且以前总感觉信用卡的优惠以及积分真正能落到实处的很少。自从加入师姐各种主题的微信群，在师姐热情分享下，简直是手把手地教，我才发现原来信用卡原来还能这么玩，而且 × × 银行优惠折扣和积分都是实打实的。花更少钱，过一样精致的生活，何乐而不为。耳濡目染下，我分享了好多优惠攻略给身边同样用此卡的朋友，一起享受优惠美好生活。谢谢嘉力师姐让我加入组织，很开心，很感激。

美仪　街道办事处职员

第一次见到嘉力师姐是我刚进学生会参加例会，会议上看到作为学生会主席的你有条不絮，认认真真地布置工作，总觉得啊，师姐好认真，好严厉。然后郑 sir 给我们介绍师姐事迹的时候只能用无数个“666”来形容。但是开完会之后师姐在跟我们开玩笑笑起来好灿烂，原来是个很活泼的人，感觉很放松，很开心呢。再后来，看到当主持的你，日常的你，出去玩的你，师姐给我的感觉就像一个万花筒，你永远不知道下一面你会看到怎么样，但永远都会给你一份很惊喜、很期待的感觉。师姐，你很棒哦！加油。

芝芝　点评 VIP 好友

从来没有想过，有一天会跟嘉力认识。最初只是因为跟嘉力在同一个微信群，觉得她是个很热心的人，会分享很多有用的优惠信息，也会分享自己对很多事情的看法。惊讶于她的记忆力和整理归纳能力，每天在各种事情忙碌里还记得我这个陌生人。

她就像是个小太阳，浑身散发着正能量，精力充沛，也感染着身边的人。每天都能看到她用积极的生活态度经营自己的生活，做公益，分享优惠，表达自己的观点，利用自己身边的资源让自己的生活过得更加精致。

认识她之后，更加深刻地发觉，原来人的生活质量真的很大程度上取决于自己的生活态度，当你想要去珍惜生活和用心经营生活时，自然而然就会朝着那个方向前进，会通过挖掘生活中点点滴滴的信息和资源，一点点、一步步地实现。

行动派社群群友

嘉力，我们虽然没有见过面，却始终喜欢你。对你的印象就是你是一位“万事通”小达人。你热爱生活，帮助他人，乐观，开朗，自信。

晕晕　留学生

还记得第一次见到嘉力，是在一个车展上。第一次见她认出了我，并主动跟我聊天。之后我们就保持了联系，常在朋友圈互动。

嘉力在我留学读研究生期间帮了我不少忙。在申请学校之前，因为要考试付款急着要用外币卡。庆幸的是，在我最困惑的时候我求助了嘉力。我自己是学生，从未想过自己也能申请信用卡，能申到几万块的额度更是不敢想的。去英国读书之前也是，刚开始自己傻乎乎什么都不懂，都是嘉力了解了我的情况之后，一步一步帮我办卡，教我换汇。在这个过程中，我少走了很多冤枉路，省了不少的钱。

在回国之后，我加入了嘉力的优惠福利社群。嘉力根据大家的兴趣爱好、行业需要等分了不同的群，分享优惠福利之余也进一步地拓宽了大家的社交圈子。除此之外，受嘉力的感染，群里的氛围也特别好，大家都是乐于互相帮助的。渐渐地，当我自己买优惠券的时候我也会开始想到，要不要帮帮其他人有需要的人买。我跟男朋友也响应了她的号召，一起办了志愿者证，希望日后也能为这个社会的弱势群里出一份微薄的力。

有时候看到有些不理解的人说，她是为了推广才弄那么多群还有常发优惠消息的。错了，从我认识她开始她就热心给大家提供便利、交换资源的渠道，那时候她大学还没毕业呢。一个人需要打理那么多的群真的很不容易，除了她想带给大家一些生活上的实惠，提高生活质量之外，我想更多的是她想传播她积极乐观的生活态度，还有一些正能量的观念和行为。希望你能继续分享下去，用你的积极来带动更多的人享受生活！

最后，祝新书大卖！我一定会来支持你哦！

社工小姐姐

2018 年 3 月到开心机构的登峰街家综做社工，在同工的介绍下认识了你。自从认识了嘉力，其实真的“颠覆”了我对公益的看法，原来现在的广州公益平台是可以这么宽阔的，资源共享拥有如此大的力量，给我的社工生涯上了宝贵的一课。

嘉力在公益的道路上不遗余力，作为银行职员的你，为登峰街社区的长者提供了一系列金融防诈骗知识学习的机会，并邀请同事耐心给长者做解答。还利用休息时间为登峰街家综担任大型文化宣传活动的主持，积极推动社区公益的发展。同是广州成长的你，同是双子座的你，让我感觉分外亲切。广州的精致生活，有你的推广，粤文化肯定会更加精彩！

茗　教育从业人员

因为小野丽莎的音乐会，机缘巧合之下认识了嘉力：可能是全广州最懂得花小钱享受精致生活的人。

如果说我妈妈是我的理财启蒙老师，那嘉力则是我工作后的理财导师。是她，告诉我理财并不用“死悭死抵”，而是合理利用信用卡、储蓄卡等优惠活动，并进行稳健投资来储备资金。

除了在经济上逐渐让自己独立，嘉力自己写的、分享的文章，是她对大家的一片真心，也让我更深入思考和梳理自己的生活。

希望越来越多人认识貌美心善的嘉力，也祝认识她的人在物质上和精神上同步富足。

如果保守以每个月固定优惠 120 元来算，认识你 8 个月已经优惠了 1000 元。还有理财那些赚了 150 元左右，免费活动若干算 500 元，加上地铁优惠大概 200 元，上面四舍五入总共有 2000 元。

读到此处，你了解我的精致生活了吗？而你身边又有怎么样的精致生活的故事，自己又有什么感受，或者你也是我这么多微信群中的一员……欢迎在此写下你的心得，让我们一起更好地精致生活吧！

我的广州精致生活

前文说了那么多，相信大家都感受到了我的精致生活，也都掌握了很多精致生活的窍门。可是图鉴呢?

一去到好玩、有美食、有意义的地方，我总会第一时间在我不同的主题群中和大家分享，美图、大片多多。不过，看不到的朋友无须遗憾，下面我选了自己在大众点评中优质的九个点评，包括图片和点评的二维码，有兴趣的读者们可以扫一扫，就可以看到实打实的精致生活了。欢迎你也加入这个大群体，一起享受生活，过好精彩每一天。

“今日广州真的美爆了！
点赞的都有好运！”

/ 点赞广州七彩祥云

广州白云大道北1363号

摩尔曼斯克Murmansk City Sign 68°58′N 33°03′O

广州白云大道北880号安华汇L1层L1C025

英德市黄花镇岩口村老虎谷向北500米英西峰林走廊
九重天生态旅游度假区

广州南村镇迎宾路锦绣香江花园会所第一层01单元

/ 志愿者积分兑换星巴克饮品

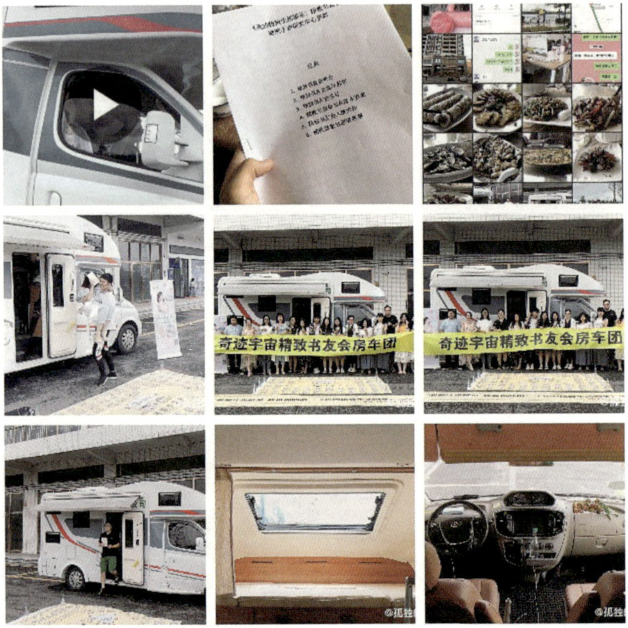

阳江新城大道

广州老城区街边巷筒

/ 穗华口腔母亲节义诊活动

深圳深南大道6005号金茂JW万豪酒店2楼

结语

时间观的后话

我反观人生的二十几年，最有意义的三件事：

第一件是感谢我的父母在海外生活的经历，因此在这个成长环境下，我学到了中西结合的精致生活方式。后来，我从初中遇到了我的男朋友，十几年了，爱情让我学会了如何孤独地活，然后再让自己不孤独地活着。男“缪斯”对我的人生态度有很多启发，很幸运遇到了他。同时，也要感谢南方日报出版社的编辑小姐姐，支持我出了这个主题的书，陪我一起做公益。也期待最好的老朋友会出书。第二件事是我初中当了论坛版主，当时觉得可有可无，但是无意中开启了命运齿轮。希拉里说过掌握了社交媒体，就掌握了未来。第三件事就是学习了金融。

原来在学校还学了工商管理，跟就业没有什么关系，但是通过自己的努力，一步步地通过金融工具实现财富自由，从不懂变成可以教他人。最好的学习环境就是分享，希望你看完我的书会分享出去，不管是在每一场新书发布会、书友交流会或捐书的公益活动中。感谢支持我出书的所有亲朋好友以及社群的志愿者们，他们给了我很多建设性意见。

每个人的精致都有自己的节奏，不需要因为看了我的书就一定立马去做，这只是我的精致。相信大家都可以找到自己的精致 style。

（注：本书少部分金融类资料信息为作者搜集、写作时查找所整理，如有更新，请以各银行、单位解释权为准。仅供参考。）